U0149877

咖啡

你想知道的那些事儿

童铃◎主编

COFFEE

Everything You Ever
Wanted To Know

中国纺织出版社有限公司

图书在版编目（CIP）数据

咖啡，你想知道的那些事儿 / 童铃主编. --北京：
中国纺织出版社有限公司，2023.7
ISBN 978-7-5229-0216-6

Ⅰ.①咖…　Ⅱ.①童…　Ⅲ.①咖啡—基本知识　Ⅳ.
①TS273

中国版本图书馆CIP数据核字（2022）第253123号

责任编辑：范红梅　　责任校对：高　涵　　责任印制：王艳丽

中国纺织出版社有限公司出版发行
地址：北京市朝阳区百子湾东里 A407 号楼　邮政编码：100124
销售电话：010—67004422　传真：010—87155801
http://www.c-textilep.com
中国纺织出版社天猫旗舰店
官方微博 http://weibo.com/2119887771
天津千鹤文化传播有限公司印刷　各地新华书店经销
2023 年 7 月第 1 版第 1 次印刷
开本：710×1000　1/16　印张：12
字数：142 千字　定价：58.00 元

4 咖啡知识问答

下篇
实战咖啡

6 萃取一杯好咖啡

5 咖啡之旅，研磨开始

7 花式咖啡制作秘籍

8　品味咖啡，点滴滋味在心头

9　不可不知的咖啡礼仪

10　咖啡技能问答

上篇

走近咖啡

COFFEE

Everything You Ever
Wanted To Know

1

咖啡简史

关于咖啡起源的传说

传说一：

公元6世纪，在埃塞俄比亚西南的卡法（Kaffa）地区，有位名叫卡尔迪的牧羊人发现了一个神秘现象：每当自家的羊吃了长在树上的某种红色果子，就会一下子激动起来，蹦蹦跳跳没个消停，于是他也摘了几颗尝尝，觉得果肉很甜美。出于对这种果子的良好印象，他热情地推荐给了附近的僧侣。僧侣们却不以为然，这种植物的果实里只有一点点果肉，却有两颗"超级大"的种子，吃起来不得劲啊，便随手把这果实扔进了火中。

奥地利作家茨威格曾在《人类群星闪耀时》里说过："一个民族，千百万人里才出一个天才；人世间数百万个闲暇的小时流逝过去，方始出现一个真正的历史性时刻，人类星光璀璨的时辰。"

此刻就是真正的历史性时刻！

咖啡生动地诠释了"是金子总会发光"这一至理名言——眼看着要淹没于世间，意外发生了，一股浓郁的香气飘了出来，这香气是如此迷人，一举征服了僧侣们，他们把烧过的咖啡豆磨碎，用热水冲泡了一下……

世界上第一杯咖啡从此诞生，埃塞俄比亚也被称为"咖啡的故乡"。

传说二：

1258年，在也门的摩卡地区，酋长奥马尔因为犯了罪而被族人流放在外。他于山间行走时，发现鸟儿啄食了枝头上的红色果实后，鸣叫的声音既动听又响亮，简直比吃了"金嗓子喉宝"还管用。

鉴于那个年代的人类还没有养成良好的卫生习惯，牙口普遍脆弱不堪，所以奥马尔可能受不了种子的过度坚硬，但又怀着破解"金嗓子"密码的好奇心，他进行了一番新尝试——把果实放入锅中加水煎煮。喝完汤之后，他精神振奋起来，突然悟到真理——让困顿中的人获得力量，这不是恩赐还能是什么？得让更多的人享用！于是他摘下很多果实用于煲汤，分给病人们吃。由于奥马尔长年积德行善，乡亲们最终原谅了他，让他回到摩卡，咖啡也由此得以被世人所知。

以上都是传说，无从考证，大家听听就好。我个人觉得，第二个传说比较离奇，因为本人试过水煮咖啡生豆，结果很悲惨，我只能说，如果这都喝得下去，还顺带产生治病救人的灵感，那奥马尔同学堪称壮士。咖啡果实要落在我手里，那就算完蛋了，能吃则吃，不能吃就扔了，绝无可能煮煮再吃。

不管咖啡是谁发现的，我们都应该向他致以敬意，因为这一发现改变了世界。

🫘 征服世界："撒旦的饮料"竟如此好喝

"coffee"一词就像行程码，藏着咖啡一路走过的地方，想知道咖啡是如何一步一步征服世界的，先来研究一下这个单词。

英语"coffee"源自荷兰语"koffie"，"koffie"源自阿拉伯语"qahwah"，"qahwah"又源自"kaffa"，"kaffa"是不是很熟悉呢？前面我们刚刚讲过，埃塞俄比亚卡法（Kaffa）地区有个牧羊人……还真是"凡走过必留下痕迹"。

我们可以得出以下结论：

第一，埃塞俄比亚是咖啡的故乡，大致不差。

第二，咖啡走向世界的第一站是阿拉伯半岛。从地理上看，从非洲东部的埃塞俄比亚到阿拉伯半岛西南部的也门，一抬腿就到，也门位于南北回归线之间，西部的塞拉特山脉一半以上海拔在1300~2100米，雨量充沛，符合种植咖啡的基本条件。从历史上看，埃塞俄比亚祖上也曾阔气过，公元525年在拜占庭的支持下大举入侵阿拉伯半岛，占领也门长达48年之久。埃塞俄比亚野生咖啡树那么多，士兵们把咖啡果实带到也门，一不小心种上了，一不小心长成树，一不小心结成果，一不小心煮来喝，这也合情合理。当然阿拉伯人不承认，他们流传的说法是：曾经有一群大鸟，口衔成熟的咖啡果实飞越红海，并把它们掉落在也门，这样，咖啡才开始在也门生长起来……这样的传说更像神话故事了，就算有人看见大鸟衔咖啡果实而来，此人还得跟踪咖啡果实从果肉腐烂到种子发芽，再到开花结果的全周期，而咖啡树的成长周期是3~8年，我怎么觉得植物学家都不一定有这样的毅力啊？反正他们不承认是埃塞俄比亚人带来的咖啡。

第三，荷兰这个地方不适合种植咖啡，但在把咖啡带到世界的其他角落这件事上，荷兰人一定做过些什么。1492年哥伦布发现新大陆，人类开启大航海时代，从此便开始"满世界溜达"，经常把一个地方的新鲜玩意儿带到另一个地方，因而这也是物种大交换的时代。荷兰于1602年建立荷属东印度公司，1609年完成世界上第一次成功的资产阶级革命——尼德兰革命。拥有先进生产关系之后，荷兰大力发展海

上贸易，在17世纪上半叶富甲全球，造船业雄霸天下，号称"海上马车夫"。有了商业实体和交通工具后，咖啡这样的好东西当然要给其他国家的人们尝尝鲜，顺便赚点外汇。

还有一种说法，"咖啡"一词源自希腊语"Kaweh"，意思是热情与力量，咖啡当然和希腊有渊源。从公元13世纪起，希腊被奥斯曼土耳其占领，直到19世纪才摆脱其统治，600多年的漫长岁月里，阿拉伯人怎么可能不把咖啡带过去？

接下来我正式讲述咖啡的传播之路。

先讲讲欧洲。

公元16世纪的时候，咖啡在阿拉伯半岛已经非常流行，原因是当地人不喝酒，但他们总得喝点什么吧？精明的阿拉伯商人把咖啡包装成饮品，从世界各地来麦加的人们都会喝上一杯，因而，波斯、埃及、土耳其等国家拥有了许多大大小小的咖啡馆。

　　欧洲人在阿拉伯半岛旅行时见识了咖啡的魅力，回国之后他们见人就夸赞咖啡的美好，咖啡还没来到欧洲，"江湖"就早已有了咖啡的传说。1614年，嗅到商机的荷兰商人试图和阿拉伯地区建立咖啡贸易关系，但由于不懂得与当地人的相处之道，他们被无情地拒绝了。1615年威尼斯商人将咖啡带入欧洲，1645年欧洲首家咖啡馆在威尼斯开业。原来，酒是欧洲人的日常饮料，但喝酒令人整天昏昏沉沉的，改喝咖啡后，大家工作效率提升不少，所以，虽然咖啡的价格非常昂贵，但仍大受欢迎。

　　然而，极端的教徒们专门与人民群众作对，凡是人民群众喜闻乐见的，他们就加以仇视，称咖啡为"异教徒的饮料"，但这种宣传效果并不理想，美味当前，不分教派，异教徒的饮料不代表劣质，老百姓依然往咖啡馆跑。他们便进行二度抹黑，把咖啡污名化为"撒旦的饮料"，并在一些国家列为禁品。咖啡商人很不服气，官司最后打到了罗马教皇克莱蒙特八世（Clement VIII）那里，老爷爷亲自尝了一口，大吃一惊："怎么撒旦的饮料如此好喝？"机智的他为咖啡进行了"洗礼"，洗清了前世的"罪恶"，清清白白地留存于"人间"，他还给出了一长串的祝福语，咖啡从此成为"上帝的饮料"。

接下来该讲亚洲了。

阿拉伯人希望独占咖啡，他们制定法律严禁咖啡种子出口，咖啡豆只有经过处理，确保绝对不可能发芽，才可以被带出去。荷兰人尝试说服阿拉伯的掌权者，允许他们带走咖啡种子或树苗，但任凭他们说得口干舌燥，阿拉伯人的回应只有两个字：不行！唉，荷兰人和阿拉伯人总是聊不到一起。在多次沟通无效后，1616年荷属东印度公司的船长德波耶克铤而走险，偷偷摸摸地把咖啡树苗和种子从也门的摩卡港运回阿姆斯特丹。

荷兰是低洼之国，气候又实在太冷了，咖啡树这种"娇滴滴"的植物只在温室的条件下才能存活。荷兰人不禁长叹，种咖啡好辛苦！

荷兰人把印度尼西亚据为殖民地后，他们渐渐地发现，当地的地理条件很适合咖啡种植。1696年荷兰驻印度马拉巴的总督把一批咖啡树苗赠予荷兰驻巴达维亚（今雅加达）的总督，可惜的是，这批咖啡树苗在种植期间遭遇洪水，没能活下来。1699年巴达维亚再次接受馈赠，这一次咖啡苗得以茁壮成长。荷兰成为第一个在殖民地成功种植咖啡的国家。1780年，印度尼西亚成为当时世界上最大的咖啡种植国。

把咖啡带入亚洲的还有一位叫巴巴·布丹（Baba Budan）的人物，他来自印度。1695年他把咖啡种子藏在肛门里（也有人说他藏在肚脐里），此举倒不是要酝酿"猫屎咖啡"，纯粹是为了躲避阿拉伯人的检查，最后成功地将种子带到印度。这就是印度咖啡种植的起源。

不知道是不是因为他藏匿咖啡豆的地方过于异想天开，有一种"猫屎味道"的速溶咖啡的品牌就叫巴巴·布丹，网上有卖，我看了下产地——中国云南，云南人民确实富有娱乐精神。

最后讲讲咖啡是怎么到达中南美洲的。

18世纪20年代初，法国海军军官德·克利历尽千辛万苦，甚至在航行时用自己的饮用水浇灌咖啡树，终于把咖啡树带到了中美洲的法国殖民地马提尼克岛，驱使奴隶为之付出劳动。到1777年，岛上有了很多咖啡树，有的书上说有1800多万棵，也有说180万棵，然而马提尼克岛的面积只有1128平方千米，还不到北京的十分之一，就算一间员工宿舍都不盖，所有的地都用来种咖啡，也绝不可能种得下180万棵树。但有当地很多棵咖啡树应该是真的，中南美洲的咖啡种植起源于马提尼克岛。

荷兰人也没闲着，他们在荷属圭亚那大量种植咖啡。荷兰和法国垄断了咖啡产业，他们严格禁止咖啡树苗和种子出口，只有牙买加总督因为和马提尼克总督之间私交实在太好，才拿到一棵珍贵的树苗，其他任何国家都休想插手咖啡种植。荷兰终于活成了自己讨厌的样子。

1727年，荷属圭亚那和法属圭亚那产生边界纠纷，两家一致认为巴西总督为人公正，希望由他出面裁决。应该说，能得到两大总督的认同，巴西总督无论能力还是魅力都很出众。谁知这是个十足的坏胚子！他早就觊觎荷兰和法国的咖啡了，多年以来，他眼巴巴地看着两个好朋友通过贩卖咖啡狂赚钞票，自己只有流口水的份，内心怎能不饱受煎熬？正愁没人教，天上掉下个黏豆包！他的强项是把个人魅力转化为生产力，在调解纠纷之余和法国总督夫人打得火热，被爱情蒙蔽了双眼的法国总督夫人最终献上一把咖啡种子作为信物。

巴西从此开始种植咖啡，这是一片天然高产的土地，其他地方一年收成1~2次，巴西却可以收成3~4次。巴西咖啡大量销往欧洲和北美，其价格大幅下降，成为工人阶级都喝得起的平民饮料。

🫘 三次咖啡浪潮

三次咖啡浪潮是商业上的概念，指的是咖啡形态的三次重要演变，主要发生在美国。有句话简明扼要地评价了这三次浪潮：第一次咖啡浪潮，人们做烂咖啡；第二次咖啡浪潮，人们做精品咖啡；第三次咖啡浪潮，人们开始追求咖啡艺术。

第一次咖啡浪潮发生在1940~1960年。在美国军方的大力推广下，咖啡从质量不稳定的农产品发展为标准化的商业产品，唱主角的是速溶咖啡。

1930年，巴西咖啡一不小心生产多了，巴西人找雀巢公司想办法把过剩的咖啡豆消化掉，雀巢是做奶粉出身的，最熟悉的路径是提炼精华、冲泡饮用，他们用8年时间发明了喷雾干燥法，即把咖啡豆中的水分蒸发，只留下咖啡提取物，这些提取物放在水中会很快溶化。虽然研发时间过于漫长，未解巴西人的燃眉之急，不过这项技术开启了咖啡的新时代。

第二次世界大战期间，速溶咖啡成为美国军队的新宠，据说每位士兵每年能得到大量咖啡配给。喝得多了，大家也就习惯了速溶咖啡的口感。战争结束

雀巢咖啡

后，雀巢和麦斯威尔的商业战进入白热化状态，双方为了抢占市场份额，不断降低售价。此时被战争打得七痨八伤的非洲国家有大量的罗布斯塔咖啡豆急于脱手，且价格优惠。美国人想降成本，非洲人想充实国库，那就让他们"相爱"吧。采用罗布斯塔豆的速溶咖啡口感偏苦，雀巢和麦斯威尔两大巨头各自加入了大量的奶精和糖进行调制，使这种咖啡凑合着也能喝。

20世纪50年代，速溶咖啡的销售在美国达到顶峰。特别说明，这种现象仅限于美国，高傲的欧洲人仍然热衷于泡咖啡馆，他们讽刺美国咖啡为"牛仔咖啡"和"涮锅水"。

第二次咖啡浪潮发生在1966~2000年，这次的关键词是精品咖啡。

美国人越来越富，对生活质量的要求越来越高，低劣的速溶咖啡怎么能满足人民群众日益增长的物质文化需求呢？在20世纪60年代，速溶咖啡的销量已经开始出现滑坡，人们宁愿去可乐里寻找咖啡因。

此时，荷兰人又来了！荷兰裔的艾佛瑞·毕特（Alfred Peet）从小"学啥啥不行，喝咖啡第一名"。老爸是个不热爱本职工作的咖啡烘焙师，他完全不相信搞咖啡会有前途，一心盼着儿子通过学习改变命运，从事医生、律师这样体面的职业。

但是，毕特却只身跑去了印度尼西亚，和当地农民同吃同住，学习咖啡种植的每一个环节。1955年毕特来到旧金山的一家咖啡进口公司工作，他发现公司总是因为成本的原因而选用次货，"斜杠青年"毕特便一边烘焙豆子，一边教育老板"企业要兴旺，质量是保证"。这类理念他天天挂在嘴上，然而并没有什么用。

和"万恶的资本家"斗争了整整10年后，或者说企业主忍耐了一个不认同企业文化的员工整整10年后，狂热的咖啡主义者毕特同学被开除了。毕特环顾四周，整个社会都唯利是图，换个地方打工估计还得被"毒打"，那么，与其寄人篱下，不如做个一店之主来得痛快。

1966年的愚人节在咖啡史上是个特别的日子，毕特在加利福尼亚州柏克莱的大学城开了一家专门销售咖啡豆的小店，镇店之宝是父亲留下的一台烘焙机和十袋哥伦比亚豆。

除了坚持用最好的阿拉比卡豆，他还干了件更有情怀的事——站在吧台内不厌其烦地向顾客讲解咖啡知识，指导冲泡方法。旅居美国的欧洲人喝了毕特的咖啡，瞬间找到了知音，妇女同胞们购买了毕特的咖啡便把老公也带来听课。不爱洗澡臭烘烘的人来光顾时，毕特把他们赶了出去。

他开的这家名为"毕兹咖啡、茶与香料"（Peet`s Coffee，Tea & Spices）的

咖啡烘焙机

店被誉为美国重焙时尚与浓咖啡的发源地。

在一群铁杆粉丝中，有三个人并不简单，他们是杰瑞·鲍德温（Jerry Baldwin）、戈登·波克（Gordon Bowker）和吉夫·席格（Zev Siegl），这三人从毕特这里学到了技术，也学到了虔诚做咖啡的态度，他们于1971年在西雅图合开了一家咖啡店，这就是大名鼎鼎的星巴克的前身。在开店的前一年，店内所用的咖啡豆均由毕特的店代工生产。后来星巴克又迎来了真正的"大神"霍华德·舒尔茨，在舒尔茨的苦心经营下，星巴克走向了全世界。

毕特被后人称为"精品咖啡教父"，而获得"精品咖啡教母"美誉的则是挪威女性厄娜·克努森（Erna Knutsen）。她原本在一家咖啡公司当秘书，在老板的鼓励下，渐渐发展起自己的咖啡生意。和加州一些烘焙商做生意时，她发现自己专业能力不够，便开始学习杯测，了解每批咖啡豆的酸度、稠度、香味和口味。此时厄娜·克努森已年近五十，在普通人的眼里，这是个静等退休的年龄，她的勤学上进

不仅没有得到鼓励，还遭到了很多男同事的嘲笑和反对，好在她最终顶住了压力，成了一名出色的咖啡专家。

当其他商人为节省成本而选择劣质咖啡豆时，厄娜·克努森却大手笔地购入最优质的阿拉比卡豆。她对品质的坚持和对梦想的执着，欧洲和日本的顾客都看在眼里，而美国本土的顾客也十分欣赏她，教母的生意越做越大。

即使不谈情怀，仅从商业的角度来看，教母的做法也十分聪明，当所有人都在追求廉价时，低端市场就杀成了一片红海，但总有一部分人对生活品质有所追求，愿意为了自己的追求而付费，教母凭本能抓住了这个蓝海市场。

1974年有本叫《茶和咖啡贸易》的杂志对她进行了专访，她说："重视咖啡品质的人越来越多，尤其是年轻人，所以，我敢肯定，精品咖啡业一定会继续发展下去。"精品咖啡（Specialty coffees）这个术语就此诞生。

除了这些旗手的努力，科技的进步也为第二次咖啡浪潮推波助澜。咖啡先生（Mr.Coffee）电动滴泡咖啡壶在美国上市，这是第二次咖啡浪潮的一个大事件。以前的电动滴泡壶都是商用的，在餐厅里才看得到，1972年咖啡先生进入了家庭，人们足不出户就能冲泡出美味的咖啡，也适时地促进了精品咖啡的推广。

2003年开始了第三次咖啡浪潮，直到今天依然波涛汹涌。在这次浪潮中，咖啡成为带有美学属性的高级消费品，咖啡制作和欣赏成为一门艺术。

这次浪潮之所以兴起，是因为人们想拥有与众不同的体验，这种体验是私订的，带有强烈的个人爱好。美国的星巴克、唐恩都乐固然不错，但它们取了最大公约数，提供符合大多数人口味的产品，当大家想喝到更细腻、更独特的咖啡时，那些"豪横"几十年的连锁企业就差了那么一点意思。

在第二次咖啡浪潮中，因为教父毕特痴迷于深度烘焙，所以深度烘焙是主流，到了第三次咖啡浪潮，人们不愿意一刀切，而是使用不同程度的烘焙方式来展现咖啡豆的地域风味，浅度、中浅度、中度烘焙被广泛使用。除了烘焙的要求更为复杂，第三次咖啡浪潮还要求标注咖啡的生产区、庄园、风味、级别、处理手法，因为这些信息会微妙地影响咖啡的口感。人们倾向于反咖啡机操作，而更愿意用精细的手法来处理咖啡，全自动咖啡机被扔在一边，萃取单品咖啡时，手冲或虹吸的方式更被推崇。

　　在这波浪潮里最成功的企业是美国的蓝瓶咖啡（Blue Bottle Coffee）。蓝瓶咖啡的创始人杰姆士·弗里曼（James Freeman）在34岁前是一位平庸的单簧管吹奏者，闲时在自家的厨房里用带孔的烤盘烘焙咖啡豆。每到周六，他就带着自己烘焙的咖啡豆去集市摆摊售卖。他说："我一生只做两件事——音乐和咖啡，当音乐让我不开心时，咖啡就是我的B计划。"

滴滤壶

　　后来弗里曼所在的公司被收购了，这位下岗男艺人没有去街头卖艺，而是于2002年用遣散费1.5万美元和通过信用卡透支的1.5万美元（总共3万美元），在加利福尼亚州开了家面积50多平方米的咖啡馆。这个咖啡馆没有无线网，没有音乐，简单的木椅上没有软垫，墙上也没有画，所有花里胡哨的装饰都不存在。很多人认为咖啡馆卖的是时间和环境，而弗里曼给出了他对咖啡馆的理解——来光顾的人应该把注意力放在咖啡上。

　　2005年分店开张，这证明蓝瓶咖啡的商业模式不仅成功，而且可被复制。

　　2008年弗里曼在东京被虹吸和冰滴吸引，他将这两种萃取咖啡的方式带回美国，由此搭上第三次咖啡浪潮的列车。

2010年蓝瓶咖啡走出加利福尼亚，进军纽约。

2012~2015年，蓝瓶咖啡总共获得超过1.2亿美元的风险投资。

2015年日本分店开张。

2017年，雀巢以5亿美元的价格收购了蓝瓶咖啡68%的股份。

2022年2月25日，上海拥有了中国第一家蓝瓶咖啡。

弗里曼是有些完美主义强迫症在身上的，他说："音乐家的任务就是从最初的重复到一天比一天完美。"当身份转换为咖啡馆创始人后，他把极为严苛的要求带到了经营管理上，概括为三点：美味（Deliciousness）、热情好客的服务（Hospitality）、可持续发展（Sustainability）。

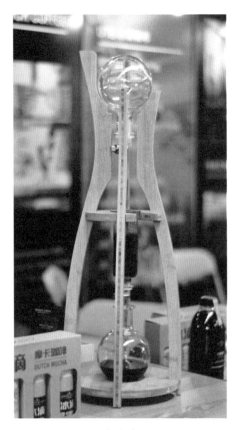

冰滴壶

先来讲讲蓝瓶咖啡是如何做到"美味"的。从种植、烘焙到萃取，弗里曼都形成了自己的品控体系。很多家门店都有烘焙咖啡豆的区域，他特地设置了烘焙曲线，整个烘焙过程必须按这个曲线走，蓝瓶咖啡只使用烘焙完成后不超过48小时的咖啡豆，他说："不同种类的咖啡，抵达'好喝巅峰'的时间是不同的，我们想尽快把咖啡交给客人。"

蓝瓶咖啡的店面管控也极为严格。店员每天测两次以上TDS浓度，及时调整磨豆机参数，咖啡师必须经过两周以上的专业培训，并定期接受考核。这种对业务能力的高要求使蓝瓶咖啡出了好几位世界咖啡师大赛WBC冠军。

再来讲讲"热情好客的服务"。为了把一杯完美的咖啡呈现给顾客，蓝瓶咖啡做了"情感之旅"地图，分析顾客心理，帮助顾客在享受咖啡时得到最佳体验。蓝瓶咖啡在这方面付出的努力旨在提升口感，这种服务是为了咖啡更好喝，和某些餐饮店那种无微不至的关心有本质区别，蓝瓶咖啡只关心顾客喝得爽不爽，而不管顾客独自一人来消费是否孤单或者不扎头发喝东西会不会别扭这类琐碎的细节。

最后是"可持续发展"。我们后面讲咖啡文化时会讲到近年来呈现疲态的星巴克，其扩张太快，人才跟不上，管理简化了，发展有那么一点不可持续。蓝瓶咖啡目前在全世界总共只有几十家店，但资本进

滴滤壶

入后，能不能保持原有的高水准，这需要很大的战略定力。弗里曼认为："愿意花时间去创造美味才是最重要的。"他的原则似乎坚不可摧，然而资本是逐利的，有自己的意志，在几轮投资对股份的稀释后，弗里曼已经不是大股东了，他的原则和资本之间如何角力，我们拭目以待吧。

2

五花八门的咖啡文化

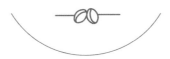

欧 洲

土耳其　　　　土耳其，地跨亚、欧两大洲，其咖啡的历史文化受欧洲影响较大，因此我把土耳其放到了欧洲这部分来介绍。

1536年，奥斯曼帝国攻陷也门后，他们看到也门人用咖啡果肉泡茶却将种子（也就是咖啡豆）扔掉。土耳其人觉得这种做法太浪费了，于是他们就把咖啡豆收集了起来，单独煮着喝，从此咖啡作为饮料脱离了水果茶的范畴。奥斯曼帝国驻也门的总督品尝了这种饮料之后，认为不错，就将咖啡带到了伊斯坦布尔，当时的苏丹苏莱曼一世对咖啡一见钟情。缘分就是这么奇妙！

咖啡最初进入韩国时，被视为"洋药液"，中国人形容不加糖不加奶的咖啡味似中药，而英国的推理小说作家阿加莎·克里斯蒂则让笔下的人物在咖啡里下毒，因为咖啡的苦味可以为毒药打掩护，可是土耳其人偏偏喜欢这苦劲儿，越苦越爱，直到今天，他们仍然觉得手冲咖啡没什么味道，咖啡要好喝，还得靠煮，把苦味煮出来。

　　有了帝国一把手的厚爱，推广起来就容易多了。咖啡很快从宫殿走向豪宅，再从豪宅走向民间。在18世纪之前，全世界对咖啡的理解只有一种方式，那就是土耳其人的方式。

　　土耳其人喜欢深度烘焙，他们用铁锅把咖啡豆炒成深褐色，研磨得如胭脂粉那么细，放入一种名为"Ibrik"的铜锅中煮，沸腾3次后可熄火。他们不喜欢火力太旺，认为只有小火才能让咖啡液体表面产生密集的泡沫，这泡沫正是美味所在。在煮咖啡的过程中加入小豆蔻、大茴香和糖，这并非在炮制五香咖啡液，而是让口感更丰富。

Ibrik

人们喝咖啡之前，可以先喝一口冰水，充分释放味蕾的灵敏度，喝咖啡的时候则是连渣一起喝，再配一块软糖，喝完咖啡之后，即使满嘴是咖啡渣也不能再喝水，因为这样暗示了咖啡不好喝，会伤害咖啡师的感情。

古代男子登门提亲，女方会考察求婚者煮咖啡的技术，技术不行代表能力不够。女方请男方喝咖啡，在咖啡里加糖表示同意男方的求婚，加盐则相反。如果男方坚持迎娶女方，无论如何都得把咖啡喝完。在今天的土耳其，女方会在咖啡里放很多盐，如果男方硬着头皮全喝下去，说明他愿意为女方吃苦受累，这门婚事值得考虑。

土耳其人对咖啡做到了物尽其用，如果有谁以为咖啡渣只能放在烟灰缸里除味，那就太缺乏想象力了，在土耳其人的脑洞里，咖啡渣甚至可以用来算命。

把沙炉作为热源萃取土耳其咖啡成为当下的流行

意大利　　　　每次说起意大利人，我都会想起他们在第二次世界大战期间的神奇表现：

"当其他国家都在忙着开发新型武器时，意大利人因为想要整点美味的军食而发明了冷冻干燥的保存食物法……"

"在离补给站10千米的战场上，意大利人因为肚子饿，全军煮意大利面吃，然后被敌人轻松俘虏……"

"在被敌军缴获的物资中，红酒比弹药的数量还多。"

"某俘虏营的意大利人越狱了，因为没有通心粉吃，他们跑到了另一个有通心粉的俘虏营，后来，之前的俘虏营向他们保证会提供通心粉，于是他们又回去了。"

"德军在沙漠中接收到意大利的救援请求，派出了一个中队的兵力前往救援。当他们与意大利会合的时候，发现对方正用比金子还宝贵的水煮通心粉。"

······

世上就有这样一种人，一干正事全抓瞎，一弄吃喝就特别起劲，最后只好把吃吃喝喝当正事了。

意大利人对美食的严谨、努力、专注和热情已经到了匪夷所思的程度，这种负责任的态度延续了很多年，扩展到了很多方面，既包括上文提到的意大利面、红酒和通心粉，也包括本书的主角——咖啡。

我们耳熟能详的那些咖啡饮品，几乎都来自意大利咖啡师的创意——卡布奇诺（Cappuccino）是意式浓缩咖啡和奶沫、牛奶相混合的花式咖啡，玛琪雅朵（Macchiato）要在意式浓缩咖啡上加一勺浓浓的奶泡，康宝蓝（Con Panna）则要求饮者半口奶油半口意式浓缩咖啡地喝。有一句意大利语这样说："una volta assaggiato il caffe italiano, non se ne vuole piu toccare nessun altro tipo。"意思是一旦尝了意大利的咖啡，你将不再想碰其他咖啡了。可以说，意大利人无与伦比的想象力和创造性让咖啡变得多姿多彩。

意大利的咖啡馆总是充满欢声笑语，人们热爱扎堆，咖啡馆遍地开花，简直就是人们的另一个家。意大利总人口约6000万，职业咖啡师有27万，相当于每100个人里就有4个咖啡师，多数咖啡师经验老到，一半以上有超过10年的工作经验，在咖啡上拉花简直就是与生俱来的本事。

意大利人都有一种美好的咖啡情结，给予了咖啡最充分的尊重，他们拒绝用塑料杯子盛咖啡，这不是为了环保，而是认为那样做是"亵渎神灵"，更没有外卖咖啡这一说。

在快餐文化盛行的今天，我们越来越追求效率，有多少人还愿意于美食上精

耕细作？一杯速溶咖啡已经能提神醒脑，何必费时费力地在咖啡上搞出那么多花样来？在追逐成功、成就梦想的过程中，我们不再有精力关注眼前的咖啡是否美味，不再享受美食带给人们的快感，我们总是在匆匆忙忙间吃完喝完，然后赶赴下一个会场，正因为这样，意大利人对美食一以贯之的尊重与热爱，烹小鲜若治大国的慎重，令人感动。

我想，对于意大利人来说，追求美味即是追求个体生命的张扬，是一种生活方式，一种生活的志趣和品位。

（1）意大利特有咖啡风俗

A. 站直咯！别坐下——正宗的意式浓缩咖啡要站着喝

意式浓缩咖啡的意大利语"Espresso"意为"特别快"的意思，意式浓缩咖啡不仅制作过程特别快——利用蒸汽压力瞬间将咖啡液抽出，人们喝得也特别快，几分钟就品完一杯意式浓缩咖啡。

站着喝咖啡的最大好处就是快喝快走，好给别人腾地儿，坐下喝是要另外收费的。在意大利的咖啡馆，假如站着喝咖啡需要10欧元的话，那么坐着喝至少需要30欧元，很多小型的咖啡馆干脆就不设座椅。

意大利咖啡的粉丝遍布全世界，星巴克创始人霍华德·舒尔茨就是意大利咖啡狂热的拥趸。他的自传《将心注入》曾描述过创业之初的情形：星巴克前身叫天天咖啡，属于山寨版的意大利咖啡馆——背景音乐播的是意大利歌剧，卖的是意式浓缩咖啡，并且不设座位，让人们像意大利人那样站着喝咖啡，还像意大利咖啡馆那样不外卖……但老霍很快发现，这样的营销模式美国人民不买账，这才有了后来的调整。

B. 卡布奇诺，夜晚不宜——不同时间喝不同咖啡

如同在中国的北方，面条一般不作为早餐，豆腐脑不作为晚餐，意大利的咖啡也有相应的饮用时间段。

意式浓缩咖啡适合一天24小时饮用，而卡布奇诺则适合于上午10:30以前——当然，在此之后并非不能喝，但那绝不是意大利人的习惯。

（2）意大利那些传奇咖啡馆

A. 佩德罗基咖啡馆（Pedrocchi Café）——从地里挖出钱来创业

莎士比亚曾热情洋溢地写道："美丽的帕多瓦，艺术的摇篮！"帕多瓦是著名的"三无"城市——"田里无草，教堂无名，咖啡店无门"，其中的"咖啡馆无门"即指帕多瓦大学对面的咖啡馆——佩德罗基咖啡馆。

这家咖啡馆的创始人安东尼奥·佩德罗基是靠卖柠檬水起家的小贩。他倾其所有，又借了些钱买下一栋楼，计划改造成咖啡馆，卖柠檬水的经历似乎没有让他积攒下足够的商业经验，他的性格里又有那么一点冒失，买下这栋楼后才发现这房子没有地窖，无法存放冰块和饮品——当然没有地窖只是个不大不小的问题，真正致命的是，当他对这堆破砖烂瓦进行整修时，房子居然倒塌了！买房子都能买到假冒伪劣，佩德罗基真属于被"上天选中的人"。

每次听到关于"坚持"二字的各种乐观主义的说法，我都暗觉好笑，好像坚持下去就一定会挖到宝藏似的，其实很多人一开始方向就选错

了，越坚持离胜利越远。每次听到芝麻开门的故事，我也暗觉好笑，财富不是应该靠智慧和努力去获取的吗？但是，老佩德罗基以他的亲身经历告诉我们——老天爱笨小孩，阿里巴巴无意中找到宝藏的事情也并非不可能。老佩德罗基在重重困难面前没有放弃，他决定挖一个地窖出来。结果发现，这栋房子是建在一座老教堂的地窖之上，而这个地窖里居然埋藏了大量的宝藏！

我要捡到这么一大笔钱，绝对不搞咖啡馆，我会随心所欲地挥霍，从此过上纸醉金迷的生活。好在老佩德罗基的创业意愿无比强烈，他增加了咖啡馆的预算，找了著名的设计师来画蓝图，建成了当时面积最大、装修最豪华的咖啡馆，这也是意大利最漂亮的建筑之一。整个工程开始于1816年，直到1831年咖啡馆才开业，营业期间还在不停地改造，到1842年才算大功告成，老佩德罗基的匠人精神值得敬佩！

佩德罗基咖啡馆最初昼夜开放，不用关门，所以没有门。

我很想穿越时光隧道回到当时，和老佩德罗基探讨一下：咖啡馆装修得如此奢侈，面对的应该是贵族高端客户，但他把店开在学校附近，主要为大学师生服务（这家咖啡馆后来成为帕多瓦大学的师生们争论复兴运动思想的聚集地，也曾是1848年学生运动的指挥中心）。咖啡馆不设门，暗示了海纳百川的态度——这是在做生意吗？

老佩德罗基的情怀又岂是我可以理解的？

现在佩德罗基咖啡馆新增了很多特色饮品和美食，他们将咖啡的理念融入食物中，咖啡鸡尾酒、咖啡意大利面、香煎咖啡羊排……令客人们食指大动，兴奋不已。

B. 弗洛里安咖啡馆（Caffe Florian）——七宗"最"

坐落于威尼斯的弗洛里安咖啡馆刚开业时是贵族、交际花经常出没的地方，也曾受到很多艺术家、文学家的青睐，卡纳雷托、拜伦、歌德、巴尔扎克等都是那儿的常客，虽经历过无数次搬迁，如今却仍然保留着19世纪初期的模样，墙上镶嵌的全是传世名画，当客人置身于此馆中小憩时，恍如梦中。

这些已经足够说明弗洛里安的传奇色彩，但不甘平庸的它还创造了七宗"最"。

第一宗"最"： 创建于1720年的弗洛里安咖啡馆是威尼斯现存的最古老的咖啡馆，历经沧桑，好几次差点被取缔，被如此折腾之后，却还是容光焕发地活到了现在。

第二宗"最"： 弗洛里安咖啡馆是整个威尼斯最有名的咖啡馆，甚至享誉全球，是无数咖啡发烧友、欧洲文化爱好者的朝圣之地。

第三宗"最"： 桌子的设计最贴心——当时女性穿的裙子又长又大，坐下时很不方便，而弗洛里安咖啡馆的桌子是可以转动的。

第四宗"最"： 最早提供上门服务的咖啡馆。从弗洛里安咖啡馆开始，这种方式才在威尼斯的咖啡馆和餐厅里流行开来。

第五宗"最"：容纳最多社会阶层的咖啡馆——贵族、政客、军人、艺术家……不同阶层的客人在这家咖啡馆有各自的房间，相应的，价目表也各不相同。

第六宗"最"：在信息交流并不充分的18世纪和19世纪，弗洛里安的客人们能读到全威尼斯最优秀的文章。最好的作家喜欢在这里喝咖啡，畅聊文学，黑兹利特这样评价弗洛里安：长期以来累积了大量的、各式各样的学问，比古往今来任何一个个人所能够拥有的知识都多。

第七宗"最"：最先接纳女性的咖啡馆。当时意大利冒险家、作家、"风流才子"也争相来此邂逅女性。

弗洛里安（Florian）在意大利语中是"花神"的意思，后面我们会讲到法国有一家咖啡馆也叫花神（De Flore），同样名人荟萃，誉满全球。

1775年，道德败坏、堕落和腐败的罪名全都指向了咖啡馆。意大利"十人议会"命令国家检察官取缔这些"社会的恶痃"，并于次年再次指示取缔，弗洛里安咖啡馆扛住了压力。1848年战争时，弗洛里安咖啡馆的大厅是照顾伤员的地方，很多学生领袖在此被杀，但咖啡馆却从没有被下令关闭过。

拥有300多年历史的弗洛里安咖啡馆扛过了战乱，扛过了历次经济危机，非常遗憾的是，它没有扛过新冠肺炎疫情，已于2021年倒闭了。

感谢它曾经赐予人类的所有美好。

法　国　16世纪40年代，商人们把自己在阿拉伯地区喝过的咖啡带入法国，第一站是港口马赛，不过咖啡的首个身份并非饮品，而是处方药，它只能出现在马赛的药房里。

1671年，让·德·洛克（Jean De La Roque）在马赛交易所附近开了一家咖啡馆，这是法国第一家咖啡馆。洛克是个富商，经常穿梭于各个国家的咖啡馆，他认为法国人喝咖啡也有些年头了，早就培养了消费习惯，隔壁意大利的咖啡馆生意兴隆，在马赛开咖啡馆应该行得通，自己或许能成为法国咖啡业的先驱。

咖啡走出药房，两拨人表示强烈不满。

一拨是葡萄农、葡萄园主和葡萄酒商人，人类每天的饮水量是有限的，法国人把额度给了咖啡，那葡萄酒怎么办？于是他们声称咖啡是法国的敌人。另一拨是医生，本来人们喝咖啡必须得到他们的批准，现在可以无视他们的存在，这谁受得了？他们立刻宣布咖啡为"毒药"（他们以前给病人开的是"毒药"，多么讽刺）。传说当时马赛医生协会面试有一道题：饮用咖啡对马赛人民的健康是否有害？标准答案当然是害处非常大，甚至会一命呜呼。

社会上流传着咖啡的谣言。当时的法国财政官员因为劳累过度去世，不怀好意的人说咖啡烧坏了他的胃。有一本叫《亚当·欧尔施勒格走近俄罗斯人、鞑靼人和波斯人之旅》（ *Reise Adam Oeschl. gers zu Moskowitern, Tataren und Persern* ）的畅销书更为夸张，书中记载了一件事：波斯国王因为太喜欢咖啡而不近女色，有一天王后看到仆人准备给马匹做去势手术，说这也太麻烦了吧？给马喂点咖啡就行了。

这本书把崇尚多子多福的马赛人吓坏了，他们或许可以接受咖啡是一种"毒药"（毕竟谁也没亲眼见到有人喝过之后毙命的），但绝不能接受咖啡导致不孕不育，哪怕仅存在些微的可能性。自此咖啡在马赛一蹶不振，好在法国有的是大城市，让我们把目光投向巴黎。

关于咖啡传入巴黎的时间，我看到过好几个说法，有人说是1669年，有人说是1699年，也有人说是1708年，但都在太阳王路易十四在位期间，我觉得1669年的可能性最大，因为1672年巴黎就有咖啡馆开张了。

1669年，路易十四在凡尔赛宫接见了奥斯曼土耳其派来的特使苏莱曼·阿伽（Suleiman Aga）。当时的土耳其对欧洲有很大的野心，摩拳擦掌想和神圣罗马帝国干一仗。阿伽此行是来刺探太阳王的心意，看能不能在未来的战争中得到法国的帮助，毕竟神圣罗马帝国是大家共同的敌人，前面讲土耳其咖啡文化时提到的热情为咖啡"带货"的苏莱曼一世就曾与法国联合对抗神圣罗马帝国。谁知路易十四这个滑头既不想公开与其交往，也不愿意翻脸，在秘密接见阿伽后，他默许法国贵族们去阿伽

土耳其咖啡壶和咖啡杯

租住的城堡做客，也就是说，大家仅限于发展"私人关系"。

这对阿伽可不是个好信号，一个操作不当就会无功而返，幸亏他还有一个秘密武器——咖啡。

有位法国官员描述了首次聚会的情景："午后，土耳其公使的仆人身穿极其漂亮的盛装屈膝跪地，双手捧上薄如蛋皮的精致瓷杯，里面盛着最著名的、热气腾腾、味道浓醇的摩卡咖啡，随后小心翼翼地将咖啡杯呈放在金制或银制的咖啡盘上，托盘下垫着金线绒绣边的丝绸布垫。贵夫人们轻摇绸扇，神情造作，抹着红唇，涂着扑粉，身体前倾，做着古怪的鬼脸审视前面冒着热气的陌生饮料。"

多么奢华的场面！多么精制的器具！多么美妙的咖啡！

可惜，当时的贵族们完全不懂欣赏，都想往咖啡里放糖却又不好意思，扭扭捏捏，最后有位侯爵夫人假装用糖逗鸟，然后趁人不备将其放进了自己的杯中。

阿伽不动声色地把这一切看在眼里，第二天再次邀请贵族夫人们来玩，这个"人精"已经在所有的咖啡里都加上了糖，如此贴心的举动赢得了女士们的欢心——这样的暖男世上可不多见。

咖啡逢知己千杯少，缺乏政治敏感性的夫人们自动切换到"知无不言言无不尽"模式。在东一句西一句的闲谈中，阿伽慢慢拼凑出完整的信息版图，其中包括法国的财政情况、军事实力，也包括太阳王打的如意算盘——他乐于见到土耳其牵制神圣罗马帝国这个强势的邻居，但绝不会出兵支援土耳其。

那就没什么可聊的了，不过买卖不成仁义在，阿伽大方地留下礼物，有来自东方的一批奇珍异宝，也有几棵咖啡树苗。这批咖啡树苗后来被法国人送到印度洋上的波旁岛（即今天的留尼汪岛），10年间3次种植，最终获得了成功，其树种后来被称为波旁种，是阿拉比卡两大树种之一，这一点在"咖啡知识问答"部分还会讲到。

路易十四成为欧洲第一个喝咖啡的君主，而阿伽办的几次盛大的聚会也让王宫贵族们接受了这种时髦饮品，当然迷恋远远谈不上，他们仅仅看重咖啡"通畅"的特点，曾有学者说："咖啡可以让人放屁，使不通的地方变得通畅。"所以贵族们喜欢在饭后饮用咖啡。

当时咖啡很贵，大约每磅80法郎，只有贵族们消费得起，但有一个人的出现短暂地让劳动人民体验到了喝咖啡的感觉。

圣日耳曼（巴黎的一个地名，和日耳曼民族毫无关系）每年9月都举办博览会，相当于中国的庙会，有唱戏的，有摆摊的，有表演杂技的，人来人往，十分热闹。1672年在圣日耳曼的一个市场，有个叫阿尔迈尼尔·帕斯卡尔（Armenier Pascal）的人参照他在君士坦丁堡的所见所闻，用木板和纸板搭起了一个小咖啡馆，一听这建筑材质，我们就知道是走低端路线的，这里的咖啡每杯只卖3个苏（法国原辅助货币，1法郎=20苏），参加博览会的人民群众愿意来尝个鲜，因此生意十分兴隆。

帕斯卡尔就把咖啡馆搬到巴黎市区，依然采用夸张的土耳其风格，也依旧卖廉价咖啡。为了降低成本，他在咖啡里掺入其他东西，却很快遭到了唾弃，巴黎第一家咖啡馆就此失败。

相比"创业未半而中道崩殂"的帕斯卡尔，来自意大利西西里岛的普蔻（Procopio）就聪明多了。1686年他在巴黎歌剧院的对面开了家咖啡馆——普蔻咖啡馆（Cafe Le Procope），里面摆满了镜子、水晶灯、大理石餐桌，装修十分上档次。除了咖啡，这里还提供利口酒、鸡蛋、甜点、冷饮，满足了人们多方面的需求。演员、乐手、剧作家、导演、观众经常光顾此地，这些热爱艺术的人把咖啡馆当成精神的栖息地。

普蔻把咖啡馆带上正轨后，就交给了儿子经营，没想到这位公子路子还挺野，自从接手咖啡馆之后，普蔻成为革命家们的乐园，咖啡馆里不仅弥漫着咖啡香，还弥漫着政治的味道。法国大革命三巨头罗伯斯庇尔、丹东和马拉曾在此地同其他革命者畅谈推翻王室、变革社会的理想；年轻的拿破仑和志同道合的朋友边喝咖啡边描绘心中的世界蓝图，他因付不起账而抵押的帽子如今仍在普蔻。

思想家也视普蔻为家外的书房，18世纪欧洲启蒙运动思想家伏尔泰、卢梭以及世界第一部百科全书的作者狄德罗曾在这里写下了影响欧美革命和社会发展进程的著作。

普蔻开启了咖啡馆的新用途——今天我们想了解资讯，可打开手机进行搜索，但在那个时代人们会选择去咖啡馆，咖啡馆里精英荟萃，名人云集，有人传播思想，有人研究艺术，有人探讨政治，有人辩论真理，欧洲各国的第一份报纸几乎都诞生在咖啡馆。任何人，只要他愿意经常待在咖啡馆，他就会成为博学多识的人。

由于种种因素的影响，普蔻咖啡馆几度停业又开业，跌跌撞撞中已经走过300多年的历史。它是法国启蒙运动的温床，也是社会变迁的亲历者，它见证了无数名人的人生起伏，更为思想的解放提供了"燃料"。

巴黎塞纳河的右岸（北岸）是经济金融中心，左岸（南岸）是文学艺术中心。当历史的长河流淌至18世纪中叶至20世纪，左岸的咖啡馆成为整个欧洲人文精神的摇篮。有人甚至这样说："左岸的人们是在咖啡馆谈论艺术，其他地方的人是在咖啡馆喝咖啡。"

梵高曾住在左岸一家咖啡馆的阁楼，他有一幅名为《夜晚的咖啡馆》的画作，他说："我希望将来有一天在这个咖啡馆举办一次我的个人画展。"

印象派画家们几乎每天在咖啡馆争论表现技巧和内容，他们在碰撞中闪出火花，在激辩中提升认知，咖啡馆是灵感的催化剂。

不同的咖啡馆又形成了各有特色的文化圈子，产生了风格迥异的艺术流派，不同类别的艺术家也在咖啡馆里交流见解——虽然彼此不是同行，但大家都拥有同样高度的境界。作曲家夏布里埃曾经每晚都与诗人魏尔兰、画家莫奈一起泡咖啡馆，互相吸收营养，然后在各自的艺术领域大放异彩。

20世纪20年代，王尔德、海明威、毕加索等一批作家、画家长期在双叟咖啡馆（Les Deux Magots，也叫双偶咖啡馆或德·马格咖啡馆）雄论滔滔，碰撞对文学、艺术的看法，最终开创了以这家咖啡馆命名的"双叟文学奖"。这个文学奖今天依然存在，鼓励着作家们创作优秀的作品。

它隔壁的花神咖啡馆（Café de Flore）则成为哲学家们的乐园，萨特、西蒙·波伏娃是它的常客。花神的创始人保罗·巴布尔（Paul Boulal）非常讨厌萨特，因为"他只买一杯咖啡就从早上坐到晚上，也从不续杯"，他嫌恶地评价道，"再没有比这更糟糕的顾客了"。

今天巴黎的咖啡业已不复往日荣光，大批咖啡馆迫于房租压力而关闭，连高寿的普蔻也转型为豪华餐厅，我却依然相信，咖啡馆滋养过的灵魂如繁星般点亮人类文化长空，艺术家们对创作的热情、对世界的思索、对技法的创新将在一代又一代的后人那里得到传承，那些因咖啡馆而诞生的作品让无数的心灵受到感动，让孤单的人们得到慰藉，让年轻的学习者找到榜样。咖啡馆不死，只是凋零。

英　国　　咖啡馆进入英国的时间远早于法国，但高开低走，英国人一开始对咖啡馆充满了热情，后来嘛，爱就消失了。

1650年，黎巴嫩人雅各布（Jacob）在牛津大学附近开了雅各布咖啡馆，这是英国第一家咖啡馆。

亚美尼亚人帕斯夸·罗塞（Pasqua Rosee）曾在中东领略过咖啡的魅力，1652年在伦敦开了家罗塞咖啡馆。当时英国人沉湎于酒精，对咖啡并不感兴趣，罗塞就以"咖啡的益处"为主题向伦敦的人民群众科普健康小常识，耐心地告诉大家，咖啡这东西提神醒脑，滋肝养肾，上补元气，下通大便。在他的努力之下，咖啡馆渐渐地站稳了脚跟。

罗塞咖啡馆占了地利之便，它刚好开在伦敦股票交易所附近。当时英国等级森严，股票不是有钱就能买的，购买者的社会地位决定了购买资格，如果一个人是仆人、鞋匠、马车夫……哪怕他再有钱，仍然连交易所都进不去。罗塞自己就是仆人出身，深知这些限制的弊端，所以咖啡馆很快被开发出场外交易、交换股票情报等新的功能，并博得"第二股票交易所"的美称。

在没有九年制义务教育的17世纪，咖啡馆堪称最物美价廉的学校。1675年，有一首诗这样形容咖啡馆："如此伟大的一所大学，我觉得从未有过，在这里你可以成为学者，只要你花上一个便士。"一便士能买到一杯咖啡，更能买到知识和思想。这首诗出现之后，英国的咖啡馆又被称为"便士大学（Penny University）"。大量学术界人士泡在咖啡馆里。胡克不仅和科学家小伙伴们在此讨论学术问题，甚至把咖啡馆当成实验室，牛顿的伟大著作《自然哲学的数学原理》、亚当·斯密的《国富论》都诞生于咖啡馆。

最传奇的当数英国人爱德华·劳埃德（Edward Lloyd）

开的劳埃德咖啡馆（Lloyd's Coffee House）。开创时间众说纷纭，有人说是1680年，有人说是1685年，还有人说是1688年，我只能判断早于1688年，因为1688年保险行诞生了，而保险行脱胎于咖啡馆。

劳埃德咖啡馆刚开业时专门做船长、船主、水手等航海业人士的生意，劳埃德天天在吧台里听各种海上见闻，也参与了一些货物贩卖，因为利益相关，他尝试着搜集并分析各类航海信息，在知识的海洋里遨游得久了，渐渐成为海运专家。

劳埃德却越来越不满意，一个咖啡馆只卖点吃的喝的，格局会不会太小了啊？如果店内聚合的资源之间发生碰撞，那闪出的火花不就大了？所以顾客的档次应该更上一层楼，高端资源越丰富，产生大宗买卖的机会就越多。

他认为自家咖啡馆的服务已经达到顶级，24小时开张，营业时间最长，有吃有喝，有酒有茶，产品门类齐全，专人打扫卫生，整洁情况堪称全伦敦最佳，可靠这些去吸引高端资源显然不够，还缺少一些软实力。

劳埃德调整了经营思路，他把咖啡馆改为公开的会所，隔三岔五地邀请远航归来的船长进行演讲，带来最新的海外信息。针对有钱人喜欢举牌子的特殊嗜好，他多次举办商品拍卖会。咖啡馆还发布"劳埃德名单"（Lloyd's List），提供商船离港、到港时间，让顾客在喝咖啡之余能得到各种资讯。劳埃德卖的咖啡附加值那是太高了，一大批批发商、零售商、银行家以及英属东印度公司的投资人成为他的座上宾，而劳埃德咖啡馆也成为东印度公司向海外发展不可或缺的据点。

海上缺药、缺淡水、缺新鲜蔬菜……什么都缺，唯独不缺风险，远洋贸易始终是一门冒险生意，要么就满载而归，要么就颗粒无收，遇上海盗和风浪还得送命。有一次劳埃德和一个船主打赌，赌某船能否安全抵港，结果他赢了，当然这是通过掌握的信息对各种风险进行评估后的准确判断，绝非瞎猜。劳埃德问自己：判断能否转化为生产力呢？

答案当然是肯定的。

船主希望有人为船只和财物提供保险，富商们愿意通过承担保险来赌一把财运，对劳埃德来说，这不正是传说中的"空手套白狼"吗？买保险花钱的是船主，出了事花钱的是富商，劳埃德一分钱不用掏，仅提供信息、评估风险以及根据情况来制定保费标准，而不管谁买保险，也不管谁出事，只要从他这里买保险，他都有钱赚，而且他具有不可替代性，因为在海运方面，没有人掌握如此之大的信息流。1688年，劳埃德在自己的咖啡馆内成立了一个小小的保险行，从此他的业务版图里既有咖啡、货物又有保险。

1771年，79名保险商和经纪人收购了劳埃德咖啡馆，改为劳合社，并订立了100英镑的保费标准，专为船舶和贸易商品提供保险，不再售卖咖啡。有人可能会问，收购咖啡馆的意义在哪里？随便找间空房子开公司不好吗？这当然是因为咖啡馆的资产除了桌椅沙发，还有从创业伊始积攒下来的海运方面的资源、人脉、经验、信息，即劳埃德当年心心念念的软实力。

1912年，一艘巨型游轮撞到冰山，劳合社在1个月内完成250

万美元的天价理赔，这艘游轮的名字叫泰坦尼克号。

今天，劳合社已经成为世界上最大的保险公司劳埃德保险公司，业务从海里发展到太空，连人造卫星都在他们的保障范围内。

创始人爱德华·劳埃德早已去世。一代人有一代人的使命，作为创始人，他聚合了大批的海运精英，把保险业务的基因植入咖啡馆，把开拓创新的精神留给继任者，无疑走在了时代的前面，生命虽然终止，影响力却永久流传。有的人活着，他已经死了，而有的人死了，他还活着。

除了保险业发端于咖啡馆，伦敦证券交易所也由咖啡馆演变而来。1698年，英国人约翰·卡斯塔因（John Castaing）在伦敦柴思胡同的乔纳森咖啡馆（Jonathan`s Coffee-House）进行股票交易活动。1773年，英国的第一家证券交易所就此落地。英国的咖啡馆似乎普遍存在基因突变的可能性，开张的时候是个咖啡馆，开着开着就"变味"了，几十年后凤凰涅槃，变成一家公司，经营着八竿子打不着的业务。

也不知什么原因，经营咖啡馆在英国受到的阻力特别大。

前面讲到的罗塞咖啡馆取得商业上的成功后，酒馆老板们非常恨他，抓住他亚美尼亚人的身份不放，不断地向市长告状，控诉外国人打压本地产业。市长本打算帮帮可怜的罗塞，让自己拥有纯正英国血统的马车夫入股罗塞咖啡馆，然而咄咄逼人的酒馆老板们却不肯罢休，要求从税收上予以惩罚，罗塞被迫缴纳了6000便士的罚款，酒馆老板们却还是不解恨，罗塞最后被赶出了英国。

牛津大学附近的咖啡馆招来了老师们的不满，他们认为学生泡咖啡馆会耽误学习。有位古文物研究者发出了诘问："为什么扎实认真的学者越来越少，大学里几乎没有人认真学习了？"他的答案是学生们把时间都浪费在咖啡馆了。还有人写小册子发表批评，指责大家在咖啡馆花一两个便士和朋友聊三四个小时的天，把学业和生意抛在了脑后。

咖啡馆最开始禁止女性进入，过度放肆的男性一度把咖啡馆搞得乌烟瘴气，女性特别是已婚女性恨上了咖啡。1674年，伦敦女性到处发传单控诉自己被丈夫轻蔑地扔在一旁，批评咖啡让男性丧失了生育能力，她们认为"咖啡是性欲的大敌""一些以前处事认真、前程似锦的绅士和商人去了咖啡馆以后就不如从前了"。

　　酿酒商们不甘心生意被咖啡馆抢走，到处散布谣言，说咖啡馆的存在影响了大麦、麦芽和小麦的销量，使农民的粮食卖不出去，如果咖啡馆越开越多，国民经济只会越来越差。当时的国王查理二世深信不疑，他担心咖啡馆这种思想自由、人人可畅所欲言的地方会引发暴力革命，得来不易的王位将再度失去。1675年年底，他试图强行关闭咖啡馆，发表宣言称咖啡馆带来了"至为邪恶危险的结果"。宣言一出，舆论哗然。咖啡馆老板们组织了请愿团进行抗议，财政大臣则认为咖啡馆为政府提供了巨额的税收，不应被取缔。在这份宣言发布11天后，查理二世不得不妥协。

　　爱也罢，恨也罢，一切即将烟消云散。

　　从18世纪80年代开始，人们突然不怎么爱去咖啡馆了。19世纪初，数以千计的咖啡馆倒闭，整个行业奄奄一息。与此同时，茶的销量节节攀升。

　　原因当然有很多。工业革命以后，英国贫富分化严重，精英们去了封闭的会所，而穷苦人民借酒消愁，将酒馆视为天堂，倡导平等精神的咖啡馆和这样一种社会氛围格格不入。工业革命也使报纸的价格大幅下降，同时邮递业大踏步前进，大家足不出户就能拿到报纸，了解时下的天下大事，咖啡馆资讯交流的功能被弱化了，人们没那么需要咖啡馆了。

　　此外，英国虽然拥有广阔的殖民地，却没有大型的咖啡种植场。英国如果想开展咖啡贸易，只能从荷兰（占据印度

尼西亚）、法国（占据中美洲部分区域）或者葡萄牙（占据巴西）手里买，那么每卖出一包咖啡豆，就会让竞争对手赚到一笔钱，这口气英国人怎么咽得下去呢？

当然英国也没有种茶基地。一开始他们用白花花的银子换取中国的茶叶，由于贸易逆差过于巨大，英国人十分焦虑，很快打起了鸦片的主意，毕竟自己在印度北部有种植基地。从乾隆初年开始，他们偷偷往中国输入鸦片，等中国人对鸦片上瘾后再提高售价，贸易逆差立刻转为顺差。在鸦片战争后，英国政府逼迫清政府签订不平等条约。茶叶价格已经非常低廉了，但英国仍然不死心，毕竟中国不是他们的殖民地，英属东印度公司派植物专家带领一群经验丰富的中国茶农将茶叶种到了印度和斯里兰卡，东印度公司从此垄断了全世界的茶叶贸易。看在价格的份上，英国人也不能选咖啡啊。

如果说还有什么欧洲国家是咖啡无法征服的，那英国算一个吧。

奥地利　　　　还记得1669年把咖啡带入法国的奥斯曼土耳其特使苏莱曼·阿伽吗？他出使法国的目的是联合法国一起对抗他们共同的劲敌——神圣罗马帝国，也就是今天的德国，当时神圣罗马帝国的首都就在维也纳。

到了1683年，奥斯曼帝国的疆域达到鼎盛。这个国家那时候太狂妄，不知道上天赠送的运气暗中都标好了时限，在没能得到法国支持的情况下，奥斯曼帝国就贸然出动了十几万大军入侵维也纳。危急之际，有个叫柯奇斯基（Kolschitzky）的商人曾在土耳其经商，操着一口流利的土耳其语，他打扮成土耳其商人的样子突出重围，冒死把情报传到波兰，终于带来了以波兰军队为首的联军，解了维也纳之围。奥斯曼帝国从此走上了下坡路。

土耳其人果然是咖啡界的"小天使"，居然留下了500袋神秘的豆子。立下大功的柯奇斯基曾去过土耳其，知道这正是传说中

的咖啡豆，请求国王赏给他，国王根本不知咖啡的美味，当然乐得大方地把咖啡豆赏给了他。后来，柯奇斯基用这些豆子开了"蓝瓶子咖啡馆"。前面介绍第三次咖啡浪潮时，我们讲过蓝瓶咖啡，这两个蓝瓶子之间没有"血缘关系"，美国人弗里曼只是在向柯奇斯基致敬。

柯奇斯基最开始向土耳其人"抄作业"，但是生意并不怎么好，顾客们既不喜欢土耳其人，又不喜欢土耳其人的咖啡烹煮方式。于是他灵机一动，把咖啡渣倒掉，又加入牛奶，这下完全扭转了局面。今天人民群众喜闻乐见的拿铁即起源于此。

我有个问题想考考大家，那个年代总共没有几种饮料——咖啡、酒、茶、奶，那把这些饮料混在一起试试嘛，实验精神还是要有的，万一混出奇迹了呢，为什么土耳其人宁可把咖啡渣子咽下去，也不搭配牛奶？

原因是当时土耳其流传着一种说法：咖啡和奶混着喝，会导致麻风病。

当然这都是无稽之谈，但却害得拿铁晚出现了那么多年！

从18世纪中期开始，人们心灵深处对咖啡的迷恋突然被唤醒了。在维也纳，几乎每栋楼有一间咖啡馆，人们每天要光顾咖啡馆三次：上午一次，下午一次，晚上一次，上午和下午来此阅读，晚上来此社交。咖啡馆里永远人潮汹涌，老板赚得盆满钵满。

奥地利的咖啡馆有以下特色。

第一，会所化服务。如果我是咖啡馆的熟客，带了客户来谈生意，服务员将在举手投足间不动声色地表达敬意，抬高我的身份，我明明是个卑微的码字工人，一踏入咖啡馆即成为"教授"，我皱一皱眉头，服务员立刻诚惶诚恐，生怕失去我的欢心，而他们所做的一切都是为了让我带来的客户意识到他正和一位高贵的人喝咖啡。最妙的是，我从来没有下过任何指令，没有要求服务员配合演出，也不会支付额外的金钱，他们只是自发地为我撑起场面。任何顾客的离去都会造成从老板到员工的"情绪崩溃"，很多顾客即使搬到很远的地方居住，也常常光顾原来的咖啡馆，只要想到不得不辜负痴心的工作人员，道德压力就大到无法承受。我在资料里见过，有位深情的顾客每天走很远的路回到原来的咖啡馆消费，坚持了整整20年。咖啡馆爱顾客，顾客爱咖啡馆，这是一场爱的双向奔赴，我唯有祝福。

第二，引入台球项目。咖啡馆从一出生起就自带"斜杠属性"，不搭配其他业务似乎不像个咖啡馆。土耳其的咖啡馆算命，英国的咖啡馆卖保险，美国的咖啡馆交易股票，奥地利的咖啡馆打台球，大家的心思是一样的，人有了，场地也有了，就开发一些用得着人也用得着场地的业务吧。据说有台球业务的咖啡馆生意都特别好，而玩一场台球的价格相当于两升红酒，利润很高哦。

第三，招待顾客免费读报。当时报纸比咖啡还贵，普通人消费不起，有些咖啡馆索性做成了阅览室，订购了市面上所有的报纸，大名鼎鼎的中央咖啡馆（Café Central）准备了250种欧洲报纸和杂志，比大学图书馆还多。人们点上一杯咖啡即可了解天下大事，也是相当划算了。但后来咖啡馆的老板发现，来读报纸的人排成长队，前面的人读得太久，后面的人会催促他们赶紧离开。

第四，争取名人资源。法国咖啡馆的知名顾客多得都"贬值"了，前面讲过，法国花神咖啡馆的老板就嫌弃萨特吝啬，不过如果萨特愿意来维也纳，以他的"咖位"倒有可能获得任意一家咖啡馆终身无限免费续杯的超级会员资格。奥地利人判

定一家咖啡是否优质，有个很重要的标准是多少名人曾在此出入，"山不在高，有仙则名，水不在深，有龙则灵"，这个道理全世界通用。帝国咖啡馆拥有作曲家安东·布鲁克纳（Anton Bruckner）和马勒（Mahler）这样的常客，音乐家勃拉姆斯（Brahms）时不时地出入海因里希霍夫咖啡馆，施泰德尔咖啡馆则成了文学家们的乐园。中央咖啡馆因为聚集了丰富的名人资源，成为奥地利最有名的咖啡馆。心理学家弗洛伊德和心理学作家施尼支勒就是常客，也经常坐在咖啡馆里给对方写信，却从未谋面。作家阿登伯格在这里写作，在这里遇到伯乐，也在这里成名，直到去世他都把通信地址设定为中央咖啡馆。让我们一起欣赏一下阿登伯格对咖啡馆的赞美吧！

你如果心情忧郁，不管是为了什么，去咖啡馆！

深恋的情人失约，你孤独一人，形影相吊，去咖啡馆！

你跋涉太多，靴子破了，去咖啡馆！

你所得仅仅四百克朗，却愿意豪放地花五百，去咖啡馆！

你是一个小小的官员，却总梦想当一个名医，去咖啡馆！

你觉得一切都不如所愿，去咖啡馆！

你内心万念俱灰，走投无路，去咖啡馆！

你仇视周围，蔑视左右的人们，但又不能缺少他们，去咖啡馆！

等到再也没有人信你、借贷给你的时候，还是去咖啡馆！

　　人类失去咖啡馆，那些敏感脆弱的灵魂将会怎样？咖啡哪里都喝得到，天下大事打开手机就能看到，想交朋友有各种各样的社交平台，而只有在咖啡馆，我们才能获得力量、温暖和希望。我曾把他的话用磨砂喷在自家咖啡馆门口的装饰玻璃上，当然隐去了第四句和最后一句。

　　今天的奥地利依然咖啡馆林立，岁月悠长，人们对咖啡的热爱不减，只是在如今的经济环境下，很多餐饮企业都在艰难求生。希望所有的咖啡馆都能扛过去，人类的生活怎么能少得了咖啡馆？

美　洲

美　国　　在三次咖啡浪潮那部分我曾讲过美国人有多爱喝咖啡，其实作为英国的殖民地，他们最开始是跟风英国人喝茶的，后来之所以变心，还得从波士顿倾茶事件说起。

　　英国对倾销到北美殖民地的茶叶征收90%~110%的重税，形同抢劫，殖民地人民当然不会傻到真去买这么贵的茶叶，走私茶和当地自种茶几乎占领了整个茶叶市场，搞得英属东印度公司的茶叶几乎卖不出去。1773年，英国政府为了倾销东印度公司积压的170万磅茶叶，通过了《救济东印度公司条例》，中心思想是让东印度公司免缴高额进口关税，只征收轻微的茶税，同时明令禁止北美人民贩卖"私茶"。东印度公司的茶叶比所谓的"私茶"便宜一半的价格。

英国议会的一粒灰尘，落在北美人民头上就是一座山。如按这个条例执行，本土茶商只好"吃土"。

1773年11月，7艘大型商船从大英帝国开往北美，其中4艘开往波士顿。12月16日晚上，60名"自由之子"化装成印第安人，跳上商船，把342箱茶叶倒入海中。

英国当宗主国那可是历史悠久，经验丰富，他们不相信倾茶事件是印第安人干的。为了报复，英政府推出新一波针对北美十三州的高压政策，1774年3月议会实行"强制法令"，规定英军可强行进入殖民地民宅搜查，取消马萨诸塞的自治地位，封闭北美最大的港口波士顿港。

在此背景下，1775年4月19日，北美独立战争在莱克星顿打响了第一枪。

本土茶商在这场对抗中冲到了第一线，民族英雄的美誉属于他们。但咖啡商却趁机把咖啡捧为"爱国饮料"，把喝茶定义为政治不正确，窃取了茶商们商业上的胜利成果，茶商们忙活了半天，却为他人做了嫁衣裳。

之所以这么长篇大论地讲述波士顿倾茶事件的始末，我是想说，促使美国人民口味上突然发生大转弯的并不是意识形态。政治的因素过于多变，从来都无法长久地影响人们对美味的追求，但是情绪可以。

很多人怀念童年的零食和妈妈做的饭菜，是因为那些食物曾带给我们美好的回忆，它们和愉悦的情绪交织在一起，每吃一次都是在重温一去不复返的幸福岁月。茶带给美国人民的情绪基本为负面，有被压迫、被欺负的屈辱和愤懑，也有倾茶之后害怕被报复的忐忑和焦虑，战争不可避免会带来死亡、伤残、离别与失去，而茶正是这一切的导火索。

和欧洲不同，美国咖啡馆是严肃场合，政府机构在此进行审判，市政议员在此召开会议，偶尔还诞生一两个名扬天下、影响深远的机构，而激情充沛的革命家、艺术家、文学家不爱去咖啡馆。

1792年，一群股票经纪人常在华尔街一棵茂密的梧桐树下聊天，聊啊聊，聊出了"梧桐树协议"——这是行业自律的开始。一个叫汤迪的商人从中看到了商机，他在华尔街边上开了家汤迪咖啡馆，热情地招呼经纪人来他的店里消费，在咖啡馆里谈业务怎么都比树下强，冬天有暖气，夏天有空调，手握一杯热咖啡，整个世界都是你的。汤迪咖啡馆很快顾客盈门。1817年，股票经纪人在咖啡馆通过一项正式章程——成立"纽约证券交易会"，也就是今天的纽约证券交易所。

把咖啡馆搞得毫无浪漫气息，倒是让人想起英国那个诞生了保险业的劳埃德咖啡馆和孵化伦敦证券交易所的乔纳森咖啡馆，看来盎格鲁—撒克逊人在经营咖啡馆方面是一脉相承的。

1832年美国总统安德鲁·杰克逊下令，用咖啡和糖代替军队日常配给中的酒类。一方面是因为不少士兵养成酗酒的习惯，严重降低了战斗力；另一方面是咖啡的成本比较低，国会做预算向来本着精打细算的原则。咖啡从此进入军营。

也不知道从什么时候开始，美国人无时无刻不需要咖啡，没有咖啡简直活不下去。

南北战争期间，有个聪明人发明了一种能安装到夏普斯步枪上的手摇磨豆机，但价格极高，只有少部分人消费得起。

这个发明有点奇怪，怎么打个仗还那么讲究呢？出发前先把咖啡磨成粉不就完了？如果非要到战场上喝现磨咖啡，谁身上没长个"磨豆机"？牙齿开得了瓶盖，还磨不了豆了？鬼齿小钢炮磨豆机用的鬼齿刀盘不就是像牙齿那样的刀盘？相当于人类的牙齿也有磨豆功能。有些产品来到人间，每个毛孔都带着血和"割韭菜"的欲望，当然了，磨豆机都武装到枪托上了，说明军队中确实存在着对咖啡的海量需求。

但南方的战士比较惨，因为港口被封锁，咖啡运不进来，只能流着口水闻敌营飘来的咖啡香气，但南方的战士还挺有骨气的，只用烟草、食物和他们交换咖啡。

到了第二次世界大战期间，咖啡已经成为军队的战略物资，接下来就是三次咖啡浪潮，这个我们前面讲过。

虽然是世界上喝咖啡最多的一群人，美国人却不懂得如何处理咖啡，他们总是一再加水，最后做出来的也不知是稀释后的咖啡，还是带有咖啡味道的水。《咖啡瘾史》的作者斯图尔德·李·艾伦说："一杯真正的美国咖啡与密西西比河一样稀薄。"

1887年畅销的美食书《白宫食谱》记载过咖啡的做法：

1. 将一杯磨好的咖啡豆与一颗蛋及部分蛋壳，加入半杯冷水。

2. 然后放入咖啡锅炉里，再加入1夸脱沸水（约0.946升）。

3. 即将煮沸时，用银汤匙或叉子搅拌，然后继续煮沸10~12分钟。

4. 接着把火关掉，倒出一杯咖啡，然后倒回咖啡壶。不要再煮沸，让它保温5分钟，接着就可以送上桌，趁热饮用。

这份食谱我实在是无法理解，但作者却在前言里骄傲地写道："本书介绍的烹饪方法是当今完美厨艺的代表作。"可见再珍贵的咖啡豆落到美国人手里也会成为被暴殄的天物，或许正如他们自己认为的那样——难喝就是美国咖啡的特色。

然而，撇开拙劣的烹煮技术，我们却不得不承认，诗人从一粒沙中见世界，而美国人能从南北战争、梧桐树下的聊天……一切意想不到的地方嗅到金钱的味道，也正是他们无与伦比的商业能力将咖啡从知识分子、社会精英的小圈子里带到普通人的桌上，早晨人们以美式咖啡加三明治开始元气满满的一天，午后再用一杯速溶咖啡满血复活，一天的工作效率都是咖啡给的。

1988年雀巢的广告"味道好极了"让中国人民一夜之间明白了咖啡是什么——这种洋气的饮料适合与朋友们共享，更让上海的咖啡销量猛增到500吨，而麦斯威尔则使"滴滴香浓，意犹未尽"成为中国人对咖啡的初始印象。

20世纪，巴黎的咖啡馆为了对付萨特这种永不续杯的顾客，"丧心病狂"地将每杯咖啡定价为7美元，今天我却可以在电商网站上拍下40元人民币/4杯的麦咖啡（McAfee）消费券，而廉价会让普通人的生活和咖啡联结得更为紧密，我不认为在麦当劳聊艺术和在法国拥挤如兰州拉面的花神咖啡馆有什么不同。

星巴克至今仍是全世界经营最成功、连锁店数量最多的咖啡企业，它牢牢地把"第三空间"的理念植入人们的大脑，很多年轻人会积极地去星巴克"打卡"。2014年的爆款网文《我奋斗了18年才和你坐在一起喝咖啡》开篇即发出灵魂拷问："我的白领朋友们，如果我是一个初中没毕业就来沪打工的民工，你会和我坐在'星巴克'一起喝咖啡吗?"

如果说阿拉伯人和土耳其人让咖啡从水果成为饮料，荷兰人让咖啡走出了中东地区，法国人让咖啡实现了产量上的飞跃，意大利人让咖啡的冲泡调制变得多姿多彩，那么美国人在种植上的布局、在商业上的推广、在知识上的普及方面则把咖啡拉下神坛，最终成为我们日常生活中不可分割的一部分。

🫘 亚　洲

韩　国　相比于欧洲国家，咖啡传入韩国的时间非常晚，但是韩国对咖啡的接受度却很高，5000多万韩国人每年会喝掉200多亿杯咖啡，人均咖啡饮用量远胜其他地区。

19世纪末，朝鲜高宗李熙率领王族从日本控制的王宫逃到俄国驻朝公使馆，史称"俄馆播迁"。在公使馆里他生平第一次喝到了咖啡，脑中电光一闪，发现人生和咖啡是"接壤"的！不要误解，不是他悟出了"吃得苦中苦，方为人上人"的道理，从此发奋图强、卧薪尝胆拿回失去的一切，而是他觉得咖啡很苦，可在体会了人生的苦之后，觉得咖啡一点都不苦。

红豆绿豆咖啡豆，你是我的欢乐豆；今年明年大后年，我要爱你一万年。

咖啡史都读到这儿了，我们早明白了一个道理：但凡缘分，都带有莫名其妙的属性。

李熙这个无能的王不是被老爸压迫，就是受老婆摆布，可他"带货"能力特别强。回宫后，他用咖啡招待其他国家的大使，并强力推荐给亲朋好友们，在他的"安利"之下，朝鲜半岛的王公贵族逐渐把喝咖啡视为身份的象征。

咖啡从此进入了韩国人的世界，却仅限于上层社会。过够了苦日子的老百姓都不想再吃苦头了，何况咖啡贵得离谱，还是把忆苦思甜的机会留给有钱人吧。

从20世纪60年代开始，韩国经济走上了高速路，人民群众口袋里有钱了，茶坊盛行一时，大家养成了去公共场所边喝饮品边聊天的消费习惯。到了70年代，加糖加奶的速溶咖啡进入韩国市场，一批由外国人投资的连锁咖啡馆也开了起来，人们发现，同时具备时尚和平价属性的饮料只有咖啡，那还不多喝点？

曾经开遍中国的韩国咖啡馆咖啡陪你
（Caffe Bene），现已破产

1988年汉城奥运会以后，咖啡馆大量涌现，那些早已习惯在茶坊谈事的人们转移到了咖啡馆。茶和咖啡真是万年的死对头，市场似乎只容得下一种全民饮料，与欣欣向荣的咖啡馆业相对照的是，茶坊在20世纪80年代末开始走向没落。如今茶坊在韩国依然存在，数量只抵得上咖啡馆的一个零头。

一晃30多年过去了，韩国人对咖啡的热爱不仅没有减少，反而越来越浓烈了。

在每年被喝掉的200多亿杯的咖啡里，有100多亿杯是速溶咖啡，在剩余的那100亿杯现磨咖啡中，人们最喜欢美式咖啡，其次是拿铁。

除了星巴克这样的国际品牌，韩国本土的途尚（A Two Some Place Coffee）、TOM N TOMS、安琦丽诺（Angel-in-us coffee）也把连锁店开遍了全国。韩国的咖啡定价极为亲民，大学附近的平价咖啡馆中，一杯咖啡大约售价八百韩元（相当于人民币四五元），而高档咖啡馆也不过每杯三四千韩元（人民币十多元），再对比下韩国人的人均收入，我的眼泪都流干了好吗？学生愿意在放学后和休息日去咖啡馆自习，老年人手捧一杯咖啡喝得不亦乐乎。如果说有什么能跨越年龄、性别、文化、贫富……而让韩国人找到共鸣的，那一定是咖啡。

中 国

在中国，广州、天津、上海这些拥有涉外码头的城市最先出现咖啡馆，而老板通常是外国人，最初的服务对象也是外国人。

1836年前后，在广州负责对外贸易的"十三行"附近，一位丹麦人开了中国第一家咖啡馆，在他的水单上，咖啡被称为"黑酒"。天津有名的正昌咖啡店的老板则来自希腊。

刚开始对"Coffee"这个词有很多种译法，比如"考非""加非""高馡""磕肥"，1909年朱文炳在《海上竹枝词》中这样描写咖啡："考非何物共呼名，市上相传豆制成。色类沙糖甜带苦，西人每食代茶烹。"传递了当时人们对咖啡的认知：咖啡是用豆磨成的，和红糖一样的颜色，味道甜中带苦，西方人用喝咖啡来代替喝茶。诗人写诗的角度有点意思，既非顾客，也非咖啡师，而是旁观者，记录下他观察的结果，如此看来，当时咖啡离普通老百姓确实有点远。

到了20世纪20年代，咖啡渐渐打开了局面。田汉的独幕剧《咖啡店之一夜》里有这样的台词："我羡慕咖啡店里的生活有趣，在这种芳烈的空气中间，有领略不尽的人生。"这描述和前面朱文炳就不一样了，饱含着对咖啡的喜爱和对咖啡馆生活的向往，中国的文化人和咖啡已经混成老熟人了。

柔石、郁达夫、张爱玲等文人都常常光顾咖啡馆，而我们最爱的鲁迅先生有一句名言："哪里有什么天才，我只不过是把别人喝咖啡的时间，都用在工作上而已。"但《鲁迅日记》却记载过他多次出入咖啡馆的经历。

1913年5月28日，下午同许季上往观音寺街晋和祥饮加非。

1920年6月26日，午后往同仁医院视沛，二弟亦至，因同至店饮冰加非。

1930年2月16日，午后同柔石、雪峰出街饮加非。

……

到了1946年，上海已经开了近两百家咖啡馆，上海人真的是全中国最爱喝咖啡的一群人。

1949年后，咖啡成为极其小众的饮料。德胜咖啡行于1959年收归国营，更名为上海咖啡厂。我印象中上海牌咖啡是个区域品牌，在我的家乡浙江大家都或多或少地听说过，不过出了江浙沪就没有那么知名了。

沪籍作家程乃珊在《咖啡的记忆》中也记载过她家喝咖啡的经历："1960年前后上海仍有咖啡，为利激销售，买一听上海牌咖啡可发半斤白糖票；在咖啡店堂吃咖啡可额外获得四块方糖和一小盅鲜奶。那个时候父母似更热衷无糖无奶的黑咖啡，然后像摆弄金刚钻样小心地将带回来的方糖砌成金字塔形。如是，我和哥哥就常有熬得稠稠的白糖大米粥喝。"

1984年，自诩为美国速溶咖啡冠军的麦氏（也就是后来的麦斯威尔）兴冲冲地来到了中国，第一家店开在北京大学。

咖啡在美国作为"爱国饮料"而广为传播，这不可能复制，但欧洲模式可以借来一用，试问欧洲哪些人最喜欢喝咖啡呢？作家、艺术家、革命家，而北大是新文化运动的发源地，聚集了中国顶级的文科生，他们骨子里有同样充沛的浪漫基因。同时麦氏把目光盯住礼品市场，买咖啡送杯子，人们在办公室里手握印有麦氏标志的杯子，正好给麦氏打广告。

雀巢立刻跟进，好巧不巧地也想到了大学生群体，他们以冠名的方式资助大学生，并在各个大学作专题报告，发放速溶咖啡的宣传资料，并且也做了礼盒装。

同一条脑回路，同一种失败！

不知道了吧？20世纪80年代的大学生以艰苦奋斗为荣，以骄奢淫逸为耻，钱如果有富余，那是要用来买学习资料的，大家心心念念的不是奋斗了18年和谁一起喝咖啡，而是奋斗了18年能否实现四个现代化。

况且，这是北京不是上海啊，这里连产品认知都没形成，消费者怎么可能花大钱买这么贵的饮料。大家看见"咖啡"两个字估计得先查字典了解其意思，查完字典，出门左拐去买大碗茶，右拐也行，有北冰洋。

麦氏和雀巢两家亏得"吐血"，被迫转变思路。

1988年雀巢率先在电视上投入广告，大获成功，"味道好极了"这句广告语红遍全国，中国人接受了咖啡。老对头麦氏一看电视广告效果好，也让自家咖啡上电视，于是"滴滴香浓，意犹未尽"的广告语传入千家万户。

接下来雀巢所做的事让其在新一轮的赛跑中赢得了胜利。具有前瞻眼光的雀巢跑去云南布局，用优厚的条件吸引原本种普洱的农民改种咖啡。到了20世纪90年代，咖啡市场井喷式成长，麦氏不得不从巴西、哥伦比亚进口豆子，成本高昂。雀巢却因为云南的种植基地而具备了成本上的优势，雀巢突然搞起一波价格战，麦氏溃不成军。

雀巢的经营模式是把货交给代理商，不赊账不贷款，再由代理商找下家销售，代理商们为了回流资金，挖空心思、花样翻新地搞促销活动，而麦氏和超市、商场合作，先卖货再结款。

1997年麦氏改名为麦斯威尔，然而改得了名却改不了命，它在中国依然沦为"二流品牌"。2004年，雀巢占有中国70%的市场份额，而麦斯威尔仅占10%，已经连雀巢的车尾灯都看不到了。

1997年，"源于台湾，香闻世界"的上岛咖啡在海南开了第一家店，生意堪称火爆。欧式的装修，厚实的沙发，典雅的吊灯，身穿马甲脖系领结的服务员，以及种类繁多的套餐，以令人耳目一新的商务风格时时刻刻在提醒着人们——来都来了，喝个咖啡谈笔生意再走呗。

接下来，大家惊奇地发现，一夜之间全国处处有上岛。

开连锁店有多种模式，可以是合资，可以是直营，也可以是加盟。星巴克进入中国的头几年，就是中美两国人民合资经营，大家都是老板，都有股份，也都有分红权；但现在的星巴克是直营模式，总部出资开店，一切权力归总部，店长只是打工的；上岛采用的是加盟模式，简单说，只要给得起钱，谁都能使用上岛的品牌，那么给多少钱才能一起玩呢？二三十万的初始加盟费，以及每年数万元的续约费用。加盟店自主经营，自负盈亏，独立核算。用加盟的模式开店最简单，赚钱最快，但品牌价值稀释得也最快。

举例来说，上岛总部要求加盟店必须购买其提供的咖啡豆，但价格是高于市价的，加盟店是否真的选用该咖啡豆，总部无法控制，因此产品质量全看加盟店老板的良心，而良心又是最难量化的东西。

不仅质量上无法保证，每个加盟店在服务的内涵上也各走各道，有的把麻将桌搬进店里，有的设置家庭影院，菜单上更是五花八门，比萨意面烤牛排，豉汁排骨小炒肉，简直实现了东西方烹饪艺术的"完美结合"。海纳百川，世界大同，天下一家，上岛塑造了我的格局。

上岛在全盛时期开了3000多家店，在2000年后的头一个十年短暂风光之后，很快归于沉寂，截至2022年，手机地图上显示，北京总共还剩12家店，希望本书出版的时候不要再减少了，因为任何一家咖啡馆消失，我都会伤心的。

　　1999年星巴克入驻北京国贸，全球咖啡业的大哥终于来了。20世纪90年代，中国还不允许外资独资经营餐饮业，星巴克和中国本土企业先后在京津、江浙沪、粤港澳成立了三家合资公司。有个不成文的说法，在世界各地的分公司中，星巴克总部的持股比例越大，意味着这个市场越重要。当时京津地区，总部纯授权经营，不占股份，即使在洋气的上海，总部的持股比例也只占5%，星巴克总部对中国市场的爱稀薄得可怜。

　　但上海星巴克出人意料的争气，仅用1年零9个月就实现了盈利，凭实力证明自己值得被爱，2002年上海人民贡献了一亿多人民币给星巴克，当然，利润基本属于中方。这时中美双方产生了矛盾，美方希望多开店，抢占市场，中方希望把单店利润做好，稳扎稳打，看看隔壁的上岛，都乱成啥样了？

　　一切都架不住星巴克的财大气粗。2003年美方收回上海地区50%的股份和华南地区51%的股份。2005年后外资企业可独资经营，星巴克在大连、青岛、沈阳等地

星巴克的座椅永远在舒适和不舒适之间徘徊

开设直营店，也就在这一年，星巴克把具有纪念意义的全球第一万家店开到了八达岭长城脚下，世界对中国的爱虽然迟到，却从不缺席。2017年，星巴克总部收回了中国市场的所有股份，实现全面直营。

星巴克能在中国迅速发展是有原因的，它生逢其时，赶上了中国白领文化的兴起。曾几何时，在写字楼办公成了优雅的象征，手持一杯国际大品牌的咖啡更是让人平添了一抹文化气息。

从前打下的江山为它争取了成本的优势。我认为，星巴克"第三空间"的概念一点都不特别，哪个咖啡馆不卖空间和时间？咖啡馆最大的成本在于房租，而星巴克这样强势的国际品牌在入驻购物中心时，能拿到更长的免租期和更低的价格，甚至用流水倒扣的方式来交房租，其他咖啡馆在这一点上毫无竞争力。

这几年星巴克呈现出疲态，一方面是因为人们已经不爱用"白领"这个词了，一般称之为苦命的"打工人"，而去外企上班也不如从前那

星巴克店内的产品墙，
我只看到了满满的品牌溢价

星巴克的产品线已经蔓延到超市

么令人神往了，互联网大厂和金融机构似乎听起来更有吸引力，星巴克在中国崛起所依托的白领文化，特别是外企白领文化，渐有崩塌的迹象；另一方面，星巴克的门店数量已经突破5000家，开店太多，人才跟不上，培训欠缺导致频频"翻车"。

其实连我也没那么爱把星巴克当作成功咖啡馆的代表了，蜜雪冰城、便利蜂的咖啡均在十元以内，提神醒脑的效果却和星巴克并无二致，找地方谈事情或许还是会选星巴克，但叫外卖上门时我还是更愿意考虑钱包的感受。时代变了，不同的时代需要不同的领舞者。

很久以前我以为开的分店越多，说明这家店越厉害，但位于北京中关村的"车库咖啡"更新了我的认知，即使只有一家店，只要这家店的影响力足够大，那它也是成功的。

一听"车库"二字就知道它曾为互联网创业者服务，因为惠普、苹果、迪士尼、亚马逊、谷歌等全球知名企业都是从车库出来的。车库咖啡馆创办于2011年，颇有英国劳埃德咖啡馆的风范，来这里的人醉翁之意不在咖啡，而在乎咖啡携带的附加值。

在车库咖啡，只需买上一杯咖啡，即可享用全北京最快的网速，使用精度最高的3D打印机，拥有超大的办公空间和面见投资人的机会，也有机会遇到各种奇奇怪怪的创业同路人，分享彼此的喜怒哀乐。当然，如果你不愿意消费，服务员也没办法。我记得有个团队在车库办公一个月，每天从早坐到晚，连一杯咖啡都没点过，好在一个月后团队找到了投资，疯狂地消费了一把作为报答。

车库的环境像个超大食堂，咖啡的味道马马虎虎，不过有志气的咖啡馆从来不走寻常路，它志在为顾客的人生带来更多的可能性。在这里，有人体会了创业的激情，丈量了梦想和现实的距离；有人拿到上亿元的投资，成为行业独角兽；有人身陷囹圄，和曾经的好友反目成仇；有人找到了财富密码，三十来岁已经实现财务自由。在车库，没有人会空手离开。虽然随着互联网创业热潮的退去，以及创始人悄然离去，另创新业，车库咖啡也失去了往日的喧闹，但无论如何，来过的人不会忘了它。

写了这么多的咖啡馆，似乎不发生几件惊天动地的大事，不走出几个出类拔萃的人物都不配称为咖啡馆？
其实不是的，多数咖啡馆默不
作声地开业，默不作声地活
着，最后默不作声地关门，在
历史的长河中，它们连个水分
子都算不上，多数老板挣钱如
抽丝，花钱如抽风，即使是我
自己这个曾经的咖啡馆老板，
也不得不承认，我是其中最平

庸的一个，我的咖啡馆没有影响任何顾客的人生，只影响了我自己的人生。我真心
相信，那些存活数百年的咖啡馆，那些为艺术大师提供心灵养料的咖啡馆，那些诞
育全新商业模式的咖啡馆，是多么的难能可贵！它们证明了人类的聪慧和世界的精
彩，而那些把奇思妙想和咖啡馆的经营进行无缝对接的老板们，他们是了不起的，
每个个体的探索都是人类的探索，每个个体的突破也都是人类的突破。

　　咖啡文化写到这里就告一段落了，我再讲一讲对未来的期望。

　　三次咖啡浪潮，中国是"后进生"，美国人民精品咖啡都快喝吐了，我们才刚刚
开始尝试速溶咖啡，我们只赶上了第三次咖啡浪潮，我愿第四次咖啡浪潮由我们
来引领。

　　我认为第三次咖啡浪潮在精英化的道路上走得有点过头了。每次看到某款咖啡
标志酸度、甜度和各种香气，我立刻紧张得舌头都打结了，把这所有的味道全部品
出来，会不会太为难人了啊？打工人已经够苦的了，能不能让我们轻松愉快地喝点
带劲儿的咖啡？

　　从我读艺术史和文学史的经验来看，曲高和寡的创作无法赢得大众的心，仅能
作为实验存在，就说法国作家普鲁斯特用意识流手法写的小说《追忆逝水年华》吧，
意识流啊流，毫无方向，看得人晕头转向，我这么热爱文学的人也就能坚持看上三
页，不能再多了。

　　多数人开不了名留千古的咖啡馆，多数人也成不了咖啡专家，咖啡这东西如搞得太精细太专业了，必然脱离群众，最终成为少数人的游戏。

　　不要这样，请不要这样。

　　说到底，咖啡只是一款饮料，既然是给人喝的，那就要好喝，是舌头一碰触到就感知得到的好喝，是仅凭本能不需要学习就体会得到的好喝。所以，第四次咖啡浪潮，我希望能够去神秘化、去高端化，那些有能力把红标瑰夏、绿标瑰夏、蓝标瑰夏整得明明白白的人，当然值得尊敬，但是普通人也能昂首挺胸地大声说出自己爱喝的那一款，也许加了糖和奶，也许什么都没加。咖啡不再和精英、优雅、高端的概念产生联结，不再和品位、档次、身份捆绑在一起。

　　咖啡就是咖啡，咖啡只是咖啡。

咖啡生产哪家强

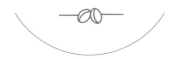

🫘 非 洲

埃塞俄比亚　　　　我们在介绍咖啡的历史时已经讲过，埃塞俄比亚是咖啡的故乡，种植咖啡的历史最长，咖啡豆的质量也处在第一梯队。埃塞俄比亚的咖啡产区很多，但官方注册的只有哈拉尔（Harrar）、西达摩（Sidamo）和耶加雪菲（Yergacheffe）三个。

这里稍有一点混乱，西达摩是埃塞俄比亚南部的一个行政区，而耶加雪菲是西达摩的一个小镇，但在咖啡的产区划分上，这两个居然为并列关系！别问为什么，这不是我设定的，我也不知道。

哈拉尔：咖啡树生长在海拔2000米以上的高地上，香气浓郁，酸度中等，干香中略带葡萄酒味，并带有巧克力的余味。咖啡因含量非常低，仅为1.13%。哈拉尔咖啡适合中浅度烘焙，这样能够最大程度保持咖啡的水果香味。哈拉尔可分为三种：长豆（Long berry）、短豆（Short berry）和单豆（Mocha Harrar），其中长豆质地饱满，有浓郁的酒香，而且味道厚重浓郁，因此最受欢迎。

西达摩：这个产区有两大优势，一是海拔够高，人们把咖啡树种植在1400~2200米之间的高山上；二是土壤够肥，拥有深褐色的天然火山土壤，连肥料都省了，长出来的咖啡更接近有机食物。

当人们用日晒法（见P95）处理西达摩咖啡豆时，咖啡的口味带有花香和轻微土香，用水洗法（见P96）处理时口味则带有果香和可可香，但无论日晒还是水洗，成品咖啡最终都有明亮的柠檬果酸、扑鼻而来的佛手柑香气和顺滑的口感，不过当地人更喜欢水洗法。

耶加雪菲：一个蜷缩在西达摩内的小镇竟然凭咖啡拥有了自己的名号，成为全非洲最负盛名的产区，这咖啡得多拿得出手啊。"耶加"（Yirga）的意思是"安顿下来"，"雪菲"（Cheffe）意指"湿地"。耶加雪菲的名字传递了两个意思，"安顿下来"意味着远离战乱纷争，且自然环境还不错（海拔应该不低，敌人不容易进攻）；"湿地"意味着水多，在咖啡果摘下来后，当地有条件用水洗法进行处理。

耶加雪菲的咖啡树种植在海拔1700~2200米，咖啡以水洗处理为主，少量日晒。在香味上，柑橘果香、柠檬香和花香极为突出，口感上则有突出的巧克力味和酸味，代表了东非咖啡的较高水准。

选择用日晒法还是水洗法处理咖啡豆，和当地的水资源情况有关，水少的地区就用日晒法，水多就用水洗法。有的小伙伴可能会问，非洲不是很缺水吗？为什么仍有不少国家用水洗法？一是因为非洲的产豆国几乎在降水带的中心，不是在尼罗河沿岸，就是在大湖边上；二是同一国家之内地理环境也不同，像埃塞俄比亚，西达摩和耶加雪菲拥有若干小湖，小湖也能储水，所以用水洗法多一些，卡法什么都没有，就只好用日晒法。

大家在学习的初期可以多喝埃塞俄比亚豆子，因为这里的咖啡烘焙度偏浅，水果调性充分，我们看看自己能从中品尝到多少种水果味道。

肯尼亚　　19世纪晚期，法国传教士把咖啡带到了肯尼亚，20世纪初随着英国殖民者的到来，咖啡种植渐渐兴起。隔壁就是咖啡的故乡，可在肯尼亚种点豆子还得靠欧洲人，埃塞俄比亚的咖啡能穿越曼德海峡到达也门，却到不了南面的邻居肯尼亚。

肯尼亚的咖啡种植有以下5个特点。

第一，种植在1800米以上的高山上。肯尼亚虽位于赤道，但高山上气温偏低，导致咖啡的口感偏酸。这和葡萄同理，德国的气温比法国低，德国配制的白葡萄酒一般比法国的酸度高。

第二，种植在火山土壤中。火山土壤含铁、钙、镁、钠、钾、磷、硫、硅和其他元素，营养丰富，一般不用施肥。肯尼亚咖啡也是一种有机咖啡。

第三，70%都是农民个体单干，没有形成产业化，孤军奋战，在国际贸易中没有话语权。

第四，产量不高，并呈现逐年下降的趋势。这是因为小农经济非常脆弱，农民几乎不具备抗风险的能力，天灾人祸每出现一次，咖农就跑掉一批，这时候最需要政府的帮忙，但是政府的投入和管理偏偏又那么有限……大家有机会喝就多喝点吧，说不定哪天肯尼亚的咖啡会因为量少而变成天价咖啡了。

第五，采用双重发酵法处理咖啡豆，也就是咖啡豆在去除果皮后发酵12~24小时，然后人们清洗掉黏附在豆子上的大部分果胶，接着把咖啡豆再发酵24~48小时，最后清洗掉全部果胶。双重发酵法又费水又费人工，导致肯尼亚咖啡成本偏高，但是提高了酸度——前面说过种在高山寒冷环境下，会使豆子口感偏酸，这会儿又给酸度加码，所以小伙伴们请记住，肯尼亚咖啡很酸哦。

肯尼亚咖啡的常见豆种有SL28、SL34、K7、Ruiru11、Batian等，这里我简单介绍一下。

SL28和SL34由英国殖民政府设立的斯科特农业实验室培育而成，水果味较浓郁，酸酸甜甜，人们喜欢用黑醋栗来形容它。大家可以放心买，非常好喝，其中SL28更好些。

K7种在低海拔地区，抗病能力较强，口味不提也罢。

Ruiru11为阿拉比卡和罗布斯塔的"混血产物"，抗病能力较强，口感不怎么样，和我国云南的树种卡蒂姆相似。

Batian是2010年出现的新品种，属于阿拉比卡。Batian是肯尼亚的最高峰，这个名字寄予了当地人无限的期许。我们在网上买肯尼亚咖啡豆时，包装上可能会说明，这是SL28、SL34和Batian的混合——有资格和SL28、SL34两位大佬组建"美味小团队"，侧面说明Batian实力非凡。

🫘 美　洲

巴　西　　前面讲过，巴西咖啡天生高产，直接拉低了价格，使欧洲人人都喝得起咖啡，而欧洲喝咖啡的风潮又带动了巴西种咖啡的风潮。这里就出现了一个问题：这么多的咖啡树，谁来种呢？只好是奴隶了。

1825年，里约热内卢购买了2.6万个奴隶，到1828年，这个数字增加到4.3万，整个巴西"进口"的奴隶人数超过100万，占总人口的三分之一。在每天超过14个小时的高强度工作和极其恶劣的生活条件之下，健康长寿成为奢望，所以这些种植咖啡的奴隶"工作"的年限很短，平均只有7年，7年之后不是"辞职"了，而是去世了。

智利诗人聂鲁达写过很多诗歌来描述奴隶的悲惨生活，我给大家分享一段。

砍甘蔗砍到老死，

在树林里看猪，

搬运沉重的石块，

洗涤堆积如山的衣服，

扛着货包上楼梯，

在街头生下孩子无人帮助，

没有杯碟，没有勺子，

挨的棍子比得的工资还多，

忍受着出卖姊妹的痛苦，

磨了整整一世纪的面粉，

一星期却只有一天有饭吃，

总是像匹马那样奔跑，

分送装凉鞋的盒子，

扫帚和小锯不离手，

还要开掘道路和小丘，

躺下睡觉仿佛是死去，

每天清晨却又复活

……

读来多么让人心碎！除了从国外购买奴隶，有的种植庄园还强迫印第安人种植咖啡，让他们驮运咖啡，甚至连牛车、马车都省了。

1850年，政府立法禁止"进口"奴隶，庄园主们尝试把欧洲一些签了契约的仆人带进咖啡种植园工作，但他们很快就失望了，这些仆人见识多，想法更多，除了抗拒艰苦的劳动，还要求建学校，给自己攒钱赎身。劳动力的缺口大了，因此原有的奴隶更加无法获得解放，庄园主不愿意让奴隶自由。1853年，巴西的奴隶仍有300万人，一直到35年以后的1888年，巴西才废除奴隶制。

在19世纪，为了增加咖啡的种植面积，巴西大量砍伐和焚烧热带雨林。每年5~6月，庄园主都会让奴隶们先砍树，再放火烧林，等雨林被清理干净后，奴隶们再种上已经长了一年的、出了芽的咖啡树苗。通常来说，咖啡树在前一年的大丰收后，第二年就会因为土地缺乏肥力而歉收，庄园主不去思考如何增加土壤营养，而是放弃土地，再用砍伐、焚烧的手段开辟新土地，反正国家地大物又博，谁不占林谁吃亏。

当咖啡价格下跌时，庄园主为了维持总利润不变，会破坏更多的雨林，以加大种植面积，而过多的咖啡涌入市场又导致价格进一步下跌。在这样的恶性循环中，一片又一片的热带雨林消失了，每一片雨林被破坏，都需要上百年的时间才能恢复。

这样种出来的咖啡，谁喝着心里能好受？

巴西这个国家海拔偏低，多数农场海拔600~1000米，在咖啡庄园密集的东部还常常发生干旱，即使种的是阿拉比卡，以如此普通的地理条件也难以产生一流的豆子。人们的处理手段又过于粗糙，用大型联合收割机采摘果实，效率必然是高的，但好豆坏豆一把抓，质量便难以保证。在所有咖啡种植国中，巴西属于工业化程度

高的，但咖啡质量却不敢恭维。

巴西咖啡带有坚果味和巧克力味，一般用来做拼配，比如意式浓缩咖啡用的豆就以巴西咖啡为主力。近年来，有一款产自达特拉（Dattera）庄园名为甜蜜总汇（Sweet Collection）的豆子很出挑，但这也是一款拼配豆，巴西咖啡和哥斯达黎加的拉米妮塔庄园产的豆子合作，从而产生美妙口感。

最后讲讲很久以前常常被提起的山多士（Santos）咖啡。山多士不是一个产地，而是一个港口，这和也门的咖啡被称为摩卡咖啡是一个路数。山多士生长在圣保罗（Sao Paulo）一带，属于波旁亚种。在树龄3~4岁以前，结的豆子称为"波旁山多士"，质量还行吧，4年以上树龄的咖啡树结出的又大又平的豆子，称为"平豆山多士"，风味就"泯然众豆"了。当然现在当红的咖啡豆太多，不管哪个山多士，都已经无法勾起大家的欲望了。

哥伦比亚　　　　咖啡、鲜花、黄金和绿宝石被誉为哥伦比亚的"四宝"，看来咖啡为这个国家带来了不少外汇收入。

安第斯山脉进入哥伦比亚境内后，被称为"科第勒拉"（Cordilleras），科第勒拉又分为西、中、东三条山脉，而这三条山脉的山坡正是哥伦比亚咖啡生长的地方，但具体产区无关东西，而是按北、中、南来区分，这是因为和经度相比，纬度对植物种植的影响更大，纬度不同，光照时间不同，咖啡的口感也就会呈现出差异性。

第三波咖啡浪潮之下，大家非常重视微气候对咖啡的影响。哥伦比亚咖啡之所以优质，除了坚持种植阿拉比卡豆之外，更得益于丰富多样的生态系统，包括热带雨林、大草原、高山上的森林、西边的太平洋、东边的大西洋、比长江还长的亚马孙河……一方水土养一方豆，不同的生态带来不同的风味，有些地方咖啡甜意较浓，而有些地方的咖啡口感更为均衡，这样的自然条件也算得天独厚了。

哥伦比亚咖啡种植还有一个优势，即中部的一些产区除了主产季之外，还拥有次产季，也就是一年收成两次，这么一来，产量可喜。既有质量，又有产量，这样的风水宝地上哪儿找去？

下面我来介绍几个当红的咖啡产区。

娜玲珑（Narino）：这个名字翻译得非常女性化。娜玲珑靠近赤道，海拔在1600米以上，这里气流暖湿，使咖啡树免受霜冻之灾，即使在每年6~8月的旱季，咖啡树也不必承受旱灾，最终产生的咖啡拥有丰富的水果风味和奶油香。

慧兰（Huila）：这个名字一听就很美好，这里的咖农把咖啡树栽种在峡谷的斜坡上，高山挡住了寒风，也就不会有霜冻，丰沛的雨水则使得咖啡拥有坚果、巧克力、焦糖等香味，果然"慧"质"兰"心。

考卡（Cauca）：这个产区的平均海拔1700多米，日夜温差很大。夜间低温使咖啡生长变得很慢，也就有了足够的时间吸收营养，同时保留了咖啡的糖分，这使得考卡的咖啡具有更大的甜度和酸度。

在哥伦比亚，超过50万家庭使用68种语言种植全国90多万公顷咖啡，也是蛮热闹的。咖农们用人工采摘的方法收取咖啡果，采用水洗法处理咖啡豆，态度非常认真，但可惜的是，没有形成现代化的作业方式。很多农民并不懂市场，加上基础

建设落后，交通条件不发达，大量咖啡豆无法及时运走，而国际市场农产品价格走低，咖农的压力日益增大，有的人改种产量更大、人工成本更低的罗布斯塔种咖啡。

写到这里，我突然有一个惊人的发现——好像谁都没挣到钱啊！咖农就不说了，卖一公斤咖啡豆的收入都换不来咖啡馆的一杯咖啡。在北京，咖啡馆里每杯咖啡的售价至少三四十元，咖啡馆老板挣到钱了吗？并没有，因为钱都交了房租。房东也不见得挣到了钱，因为他要还房贷。

无论咖啡带给我们的是苦难还是美好，这个世界都不能没有它。

哥斯达黎加　　中美洲那一堆小国家，比如危地马拉、洪都拉斯、哥斯达黎加等都有一个代称——"香蕉共和国"，它们以出口香蕉和咖啡为主，产业结构单一。但在这些"香蕉共和国"中，哥斯达黎加的政治经济状况堪称优秀。

政府连军队都不设，把军费省下来花在国民教育上，该国的教育水平在拉美国家中属于拔尖的；人们关心环保，全境面积只有半个浙江那么大，国家公园倒有30多个。最重要的是，它是中美洲所有国家里第一个和中国建交的，打破了我国在中美洲的外交坚冰，现在两国的贸易量很大。说这么多，我是想替哥斯达黎加宣传一下，既然这是友邦的咖啡，质量又很过硬，小伙伴们不妨多喝一点。

这里东临加勒比海，西靠北太平洋，处于中美洲低纬度的火山带上，土壤十分肥沃，山区里排水性能良好，气候温和，极其适合咖啡生长。由于种植咖啡，人民群众的生活水平也有所改善。

这样一片平和宁静的土地必然会孕育出极好的咖啡，哥斯达黎加咖啡均为阿拉比卡豆，一般采用中度烘焙，风味均衡，口感带有浆果风味的酸度和丰富的甜度，有人认为即使这里的咖啡凉了，也会因为甜味的原因依然可口。

该国倾向于采用水洗法（见P96）处理咖啡生豆，近年也出现了蜜处理法（见P95），蜜处理法能增加咖啡的甜味，但操作起来风险很高，天气潮湿时很容易导致咖啡豆的发霉腐败，不过当地人甘冒其险地采用这种处理方式，说明了他们在咖啡品质方面确实是精益求精，并且有着艺高人胆大的自信。

位于首都圣荷西南部的塔拉珠（Tarrazu）是世界级的优

秀产区，其中的拉米妮塔庄园（Laminita Tarrazu）拥有多种微气候和丰富的有机土壤，他们完全不施农药和化肥，使用人工采摘，每年会进行两次土壤测试，根据测试结果来决定如何对土壤施肥。精耕细作之下，咖啡年产量只有7万多公斤，却是咖啡世界中的奢侈品。

全球气候变暖导致哥斯达黎加不仅气温升高，而且暴雨、泥石流变得频繁，咖啡产量有所下降，人们把原先的一部分咖啡种植地改为牧场或别的用途。

我突然想到一句广为流传的话：妈妈是个好人，岁月你不要伤害她！

哥斯达黎加是个美好的国家，气候你不要伤害它！

危地马拉　　18世纪中期，咖啡来到了危地马拉，如同来到了天堂，这里的活火山实在太多了，爆发得还很频繁，每爆发一次，就给土地施了一遍肥，再加上左手一个太平洋，右手一个大西洋，空气湿乎乎的，从来不缺降雨，因而咖啡树得以茁壮成长。到了19世纪末，咖啡在国民经济中已经占有举足轻重的地位。

危地马拉有7个主要的咖啡产区：安提瓜（Antigua）、科本（Coban）、阿蒂特兰湖（Atitlan）、薇薇特南果（Huehuet-enango）、法拉罕高原（Fraijanes）、新东方（New Oriente）、圣马科（San Mareos），其中安提瓜最为出名，安提瓜的拳头产品叫花神。

危地马拉对咖啡的分级根据海拔而定，种植海拔超过1300米的称为极硬豆（Strictly Hard Bean，简称SHB），为最上等的咖啡，花神就产在高海拔的拉米妮塔庄园（还记得哥斯达黎加的拉米妮塔庄园吗？哥斯达黎加是拉米妮塔总部，这里是危地马拉分店），闻一闻有玫瑰香（名字都叫"花神"了，可见花香很突出），尝一口带点烟熏味，又带点可可味。要问我是否好喝，我只能说

"在人间已是天，又何苦要上青天"？

危地马拉的咖农基本为印第安人，咖啡种植并未形成规模化的生产，咖农们也就能勉强吃饱饭。周围那些国家如尼加拉瓜、洪都拉斯、巴拿马、哥斯达黎加……火山都挺多，土地都挺肥，海拔都挺高，昼夜温差都挺大，降雨都挺猛，所以咖啡质量也都还行。危地马拉的咖啡除了安提瓜和薇薇特南果的一些优质豆之外，多数咖啡品种只能打打价格战，辛苦耕种也挣不了大钱，咖农泪尽咖林，吃糠咽菜又一年。掷笔三叹！

牙买加   在介绍咖啡的传播时我曾讲过，18世纪20年代初，法国海军军官德·克利把咖啡树带到了马提尼克岛。

1728年，马提尼克总督慷慨地把一颗咖啡苗送给了铁哥们牙买加总督，而牙买加总督是个种地小能手，乐于尝试栽种各种农作物。在他手上，咖啡树活了。

牙买加最适合种植咖啡的地方是蓝山。

蓝山山脉位于首都金斯敦东北部，最高峰海拔2256米。据说蓝山在晴天时确实是蓝的，阳光直射在海面上，山峰反射出海水的蓝色光芒，群山笼罩在蓝色云雾中。蓝山的种植条件其实并不特别，什么肥沃的火山土壤啊、较大的昼夜温差啊，都是老生常谈了。适合种咖啡的地方都是相似的，不适合种咖啡的地方各有各的不适合。

19世纪末，蓝山咖啡的产量增加到4500吨，这个产量在当时是非常大的，但咖啡质量开始下滑，政府决定实施管控，颁布了一项法令，要求通过教育来提升种植者的专业技能，也要求改善基础设施，让咖啡进行中央化处理和分级。1950年，牙买加咖啡产业协会（Coffee Industry Board，简称CIB）成立，CIB要求其董事会成员必须在牙买加拥有一定量级的种植庄园，也就是说，只有在这一行耕耘多年，的的确确对行业有深刻的理解，才有资格参与决策。

CIB对于蓝山咖啡的生产区域、种植技术以及采摘、精制、烘焙的方法都进行了明确规定，比如，只有在蓝山900米以上的产区生产的蓝山咖啡豆，才能叫牙买加蓝山，其等级按照豆型大小划分为NO.1、NO.2、NO.3，以及手工特选出来的PB，其中NO.1的蓝山生豆基本标准是17目以上的豆子、瑕疵率低于3%、含水率13%左右等，生豆处理方式只能用水洗法。CIB成立之后，蓝山咖啡的水准蒸蒸日上。

在我当年学咖啡的时候，蓝山还是咖啡界的王者，有人说"它的液体在阳光下是金黄色的，喝起来很顺畅，蓝山是这个世界上唯一酸苦兼备且能让人享受的咖啡，喝下去就明白了"。蓝山咖啡有很多优点，比如酸、苦、甜、醇均衡，没有哪种味道特别突出，口感也非常顺滑。

当我写这本书的时候，可怜的蓝山已经过气了，大家都懒得再提起它，我猜测一下原因吧。

一是蓝山产量实在太少了，市场上几乎找不到真货。所谓的蓝山拼配咖啡，可能是在一磅来路不明的豆子里放进了一颗蓝山；而所谓的蓝山风味咖啡，则连一颗蓝山豆都找不到。高仿的就不喝了吧？天涯何处无咖啡，何必单恋蓝山豆？

二是蓝山咖啡的优点也正是它的缺点。优点兮缺点之所倚，缺点兮优点之所伏。蓝山最难得的是口感均衡，但中庸之道行得久了，似乎有那么一点不得劲，毕竟时代变了，当今世界个性鲜明的东西更吸引人，而蓝山恰恰缺乏个性。我就喜欢非洲的豆子，耶加雪菲啊，花魁啊，一口下去，就再也忘不了。

巴拿马　　　巴拿马的种植条件就不多说了，它和周边其他咖啡种植国

（如危地马拉、哥斯达黎加）一样，处在环太平洋火山带上，该

有的地理条件都有。

　　巴鲁火山（Volcán Barú）主峰海拔3474米，是巴拿马的最

高峰，几个产区都在巴鲁火山东面，其中最有名的产区叫波奎特（Boquete），波奎特最有名的庄园叫翡翠庄园（Hacienda La Esmeralda），翡翠庄园最有名的咖啡叫瑰夏（Geisha或者Gesha）。

瑰夏在2004年之前一直默默无闻，很少有人喜欢这个树种，它太娇气，容易得病，产量不高，又因为当时种在低海拔地区，所以口感也很平庸。

翡翠庄园一直由彼得森（Peterson）家族持有，这个家族有一次进行杯测时，发现某批次的咖啡豆口感惊艳，查了一下，原来是瑰夏，既然这个树种如此有前途，就赶紧挪到高海拔地区重新培养。

巴拿马精品咖啡协会每年举办"巴拿马最佳咖啡"（Best of Panama）竞赛，这属于重量级赛事。2004年瑰夏在大赛中艳压群芳，人们从来没有在拉美地区的咖啡中喝到柑橘味，但瑰夏做到了，一下子"惊为天豆"。

得冠军这种事，当然得多来几次比较过瘾，彼得森家族又带着瑰夏参加了一些比赛。2004~2007年，瑰夏是连续四届的"巴拿马最佳咖啡"冠军。2005~2007年，瑰夏是连续三届的"美国精品咖啡协会杯测赛"（SCA Cupping Pavilion）冠军。真是秦始皇吃花椒——赢（嬴）麻了！这还仅是瑰夏在最重大赛事上的表现，没算上其他影响力较弱的杯测大赛呢。

翡翠庄园成为全世界得奖次数最多的庄园，而瑰夏带来的回报也十分可观，价格一路飙涨，2004年之前每磅20多美元，现在最贵的已经到了每磅1000多美元。

有几个问题我们需要厘清一下。

第一，翡翠庄园细分为3个品牌——翡翠特选（Esmeralda Special）、私藏（Private Collection）和瑰夏（Geisha或Gesha），也就是我们购买时看到的红标、绿标和蓝标。

红标指生长在海拔1600~1800米的两个特定微地块并且杯测得分90分以上的瑰夏咖啡豆，拥有厚实的茉莉香和柑橘香，价格十分不亲民，如果有人请客，我会愉快地接受，自己买还是算了吧。

绿标的生长高度和红标一样，但红标每一批次只选用一个微地块中最优秀的咖啡豆，而绿标则是几个微地块豆子的混合。红标描述的是一个微地块的风貌，绿标描述的是一片产区的风貌。

蓝标种植在海拔1500米及以下，口感上稍显单薄，有花香但不浓郁，当然价格就友善多了。

第二，瑰夏的英文名Geisha或者Gesha，在日语里的读音和"艺伎"很接近，所以"瑰夏"和"艺伎"是同一款咖啡豆的不同名字。

第三，瑰夏还有个"亲戚"叫花蝴蝶，拥有70%的瑰夏血统，也在波奎特产区生长，有清新的莓果酸甜，是一款值得拥有的好豆子。

第四，其他咖啡比如科纳、蓝山、耶加雪菲……都以产区命名，但瑰夏不是产区，而是树种。

第五，当我们看到埃塞俄比亚瑰夏时，不要惊讶，埃塞俄比亚的咖啡树种太多了，搞不好以后还会有别的咖啡明星出现。

瑰夏这一树种最早产自埃塞俄比亚，默默无闻，1931年来到肯尼亚，依然无人问津，1936年进入坦桑尼亚，1953年跨越太平洋，迁至哥斯达黎加，20世纪60年代移植到巴拿马，又等了整整40年才遇见伯乐，一战成名。

灰心丧气的时候我们可以为自己冲泡一杯瑰夏，想一想瑰夏是怎样从东半球颠沛流离到西半球的。该来的终究会来，人生永远值得期待。

夏威夷　　夏威夷群岛中的瓦胡岛（Oahu）总督于1825年从巴西带回了一些咖啡树苗，自此，咖啡传入大岛（Hawaii），大岛的科纳（Kona）产区生产的咖啡尤为优秀，我在这里主要讲讲科纳。

科纳产区的优势除了海拔高（种在900~1200米的山坡上）、火山土壤富含矿物质、气候潮湿多雾之外，更为特别的是，天上的云很多——咖啡树需要阳光，但又不能直面阳光，所以需要一些遮挡物，最普遍的做法是在咖啡树旁种植高大的树木。在科纳，成群结队的云朵产生了天然遮阴的效果，对科纳咖啡的风味产生了微妙的影响，使其具有红酒香和果香。

因为大岛上水源充足，所以咖啡豆的处理普遍采用水洗法。

科纳的产量很高，据说每公顷可达到2吨以上，远胜过拉丁美洲的600~900千克。科纳咖啡价格很高，因为这里的人工费就不便宜。掐指一算，咖啡为夏威夷创造的GDP还挺高。

对美国人来说，万物皆有裂缝，那是金钱之光照进来的地方。夏威夷是著名景区，当地人把咖啡种植和旅游业相结合，咖农们欢迎大家来参观，顺便带动宣传和销售。能到夏威夷旅游的

一般没有穷人，游客们在庄园拍个照，然后发下朋友圈，让没来的人都知道这里有好咖啡。还有一些游客喜欢在景点买纪念品，用物质的形式证明自己来过，带几包咖啡豆回去也是常见操作。

科纳的咖农应该是世界上生活得最好的咖农。

亚 洲

印度尼西亚　　印度尼西亚刚好位于环太平洋火山带上，境内的火山不仅数量众多，还都在冒烟，和咖啡树这种肥料饥渴症深度患者相当合拍。

如果不是1877年的那场叶锈病，好山好水好风光的印度尼西亚完全有机会成为世界一流的咖啡生产基地。

叶锈病是一种不治之症，病菌寄生在咖啡树叶上，使树叶呈橘色损伤，光合作用减少，最后整株死去，更可怕的是此病会传染。1861年，叶锈病首次出现在东非的维多利亚湖咖啡产区，1867年来到斯里兰卡，致使当地咖啡业惨遭重创，1877年肆虐印度尼西亚，咖啡树大面积死亡，咖啡业元气大伤。

2013年，叶锈病跨越大半个地球去祸害西半球的咖啡树，导致秘鲁咖啡产量同比下降30%，危地马拉减产40%，整个拉丁美洲的经济损失高达6亿美元。这次咖啡业没有全军覆灭，显然是21世纪发达的农业技术帮了大忙。

说回印度尼西亚，印度尼西亚本来种植阿拉比卡，"大病一场"后，咖农们心灰意冷，改种抗病能力强但口感不佳的罗布斯塔。如今在印度尼西亚，90%的咖啡树都是罗布斯塔。

苏门答腊岛仍然在种植阿拉比卡，其生产的曼特宁（Mandheling）是一款不折不扣的优质产品，干净明亮的辛香和甜味令每一位咖啡爱好者都难以忘怀。值得说明的是，曼特宁既不是产区，也不是树种，而是部落的名字。

苏门答腊的咖农用了湿刨法（见P96）来处理咖啡豆，这和当地的气候有关，一是当地一年分两季：旱季和雨季，雨季的雨大得可怕，有的地方年降雨量可以达到2000毫米；二是不论旱季雨季，空气湿度均在70%~90%。苏门答腊的水实在是太多了，咖啡豆不容易干燥，需要用湿刨法这种特殊手法来处理。

印度尼西亚的咖啡工厂

湿刨法降低了曼特宁的酸度，提高了它的甜度和醇厚度，也使它略带有泥土的气息，但湿刨法也不是完美的，湿刨之后的咖啡豆硬度不够，非常容易被挤伤，形成小缺口，最终成为瑕疵豆。因此必须安排更多的人员进行筛检，人工成本一下子就上去了，这使得曼特宁的价格有点贵。

大家选购曼特宁咖啡时，可能还听说过黄金曼特宁。

黄金曼特宁产于苏门答腊北部的林东（Lintong）地区，由普旺尼（Pawani）咖啡公司出品，黄金曼特宁包装袋上的标示"PWN"正是Pawani的简写，也只有由这家公司出产的曼特宁才是黄金曼特宁，因为它在当地进行了商标注册。黄金曼特宁也采用湿刨法的工艺，但生豆清洁和筛选更细致，风味上带有奶油香，质量比曼特宁好得多。

也 门　　　咖啡树是也门的国树，前面介绍咖啡的历史时提到过也门，也门位于阿拉伯半岛的西南端，是世界上种植咖啡较早的国家之一。

阿拉伯半岛石油储量丰富，靠石油发家的国家很多，但是也门人民却在种咖啡，这并非因为他们对咖啡有执念，而是石油在阿拉伯半岛的分布并不均匀，摊给也门的有点少。另外，石油的开发需要成本，运输则需要发达的公路和铁路系统，长年内乱的也门什么都没有。更令人伤心的是，境内仅有3%的土地适合农耕，所以也无法大量发展农耕。

没那么多石油，又不让种地，还是个热带沙漠气候，也门从一开始就输在了起跑线上，理论上讲好好搞渔业也能发财，但无奈当地局势一直很乱，渔民面临水雷的威胁，只要一打仗，渔民就不敢出海，市场也经常被炸。这可怎么办呢？既然种咖啡有如此悠久的历史，那就是接着种呗。唉，种咖啡的都是"苦命人"。

也门的咖啡种植区域主要分布在西部塞拉特山脉1500~2200米的斜坡上，空气稀薄，阳光充足，由于总是经由摩卡（Mocha）港运销全世界，所以被称为摩卡咖啡。

也门以小农经济为主，所以咖啡产量并不高，有人做过调查，平均每个咖啡种植户年生豆产量仅为113千克。自然条件上雨量偏少，豆子没什么水分，个头也比别的国家的咖啡豆小多了。

农民采摘的过程极为粗糙，未熟的和过熟的果实一把抓，然后放在自家屋顶上进行日晒处理，因而这里的咖啡有股狂野的味道，有人喜欢，有人不喜欢，当地人自封为"咖啡王冠上的钻石"。这个嘛，听听就好了，当地人的心情可以理解，谁不说俺家乡好嘛。也门每年降水量成谜，所以咖啡的口感也不稳定，有时给人惊喜，有时给人惊吓，就跟开盲盒一样。

也门人超级爱恰特草（另一个名字叫阿拉伯茶叶，其实是一种软性毒品），从国家领导人到底层人民，全都对吃草这件事甚为痴迷。恰特草的生长需要大量的水，缺水的也门大约60%的水都用来灌溉恰特草种植区，而种过恰特草的田地再也无法用于种植咖啡。种草比种咖啡来钱快多了。在这一场农业资源争夺战中，咖啡没有赢面，说起来也门的咖啡种植业令人担忧啊。

　　摩卡咖啡中的精品叫玛塔莉（Mokha Mattari），带有红酒和巧克力风味，但这种豆子很难买，希望小伙伴们和它有缘吧。

越 南 19世纪中期，法国人把咖啡带入越南，今天越南已经成为世界第二大咖啡生产国，中部和北部少量地区种植阿拉比卡，南部大片地区种植罗布斯塔。

越南咖啡走低端路线，一方面是因为地理条件太一般，越南完美地避开了环太平洋火山带，土地肥力不够，也缺乏多样化的生态环境，咖啡无法拥有多层次的口感；另一方面是因为罗布斯塔生长周期短，两年可有收获，也不容易生叶锈病，种植成本低。从经济的角度来看，越南咖啡是个奇迹，为几百万人提供了就业机会。

越南咖啡主要用于制作速溶咖啡，最大的采购商是雀巢，本土也有一些速溶品牌，发展最为迅猛的是中原（Trung Nguyen）G7咖啡。

中原的创始人叫邓黎原羽（Dang Le Nguyen Vu），1971年出生于穷苦人家。家里只供得起一个孩子上学，姐姐毅然放弃了自己深造的机会，让他去学医，可他学着学着，突然要改行从事咖啡业。1996年他开始创业，骑着自行车挨家挨户地劝说农民种咖啡，截至2017年，中原咖啡已经卖出150亿杯，行销全世界。在商业上取得了巨大成功之后，邓黎原羽把中原咖啡的经营模式复制到越南一些其他的优良产品上，让火龙果、鱼露等产品也走向了国际，他还把赚到的巨大利润用于帮助贫困学生、创业青年、二噁英受害者……这真是人间有大爱，自己享的福，让别人也享一遍，自己吃过的苦，别人就别再吃了。

越南的阿拉比卡约占整个咖啡产量的3%~5%，本土品牌中知名的有高地（Highlands）咖啡、摩氏咖啡（Moossy）和西贡咖啡（Sago Cafe），相对于中原，这些只能算小众产品。我简单介绍两句高地咖啡吧。

高地的创始人大卫·泰（David Thai），比邓黎原羽小一岁。

当邓黎原羽还吃不饱饭的时候，活在平行世界的大卫同学已经移民美国西雅图，亲眼目睹了星巴克的疯狂扩张。邓黎原羽创业的那一年，大卫也决定回越南创业，不过他先学了一年越南语，然后去周边国家考察了一圈，1998年才正式创建高地咖啡，初期选择宾馆、超市作为销售渠道，2002年在胡志明市开创了第一家高地咖啡馆，目标客户群为中产阶级，风格和星巴克比较像，号称越南星巴克。

中原和高地不能算竞争关系，毕竟大家面对的客户群不一样。邓黎原羽仅在小范围内走高端路线，他参考猫屎咖啡的制作流程，搞出了野鼬咖啡，但这个咖啡我实在不敢恭维，我这人对"吃屎"没什么兴趣。

我在越南的超市看到咖啡豆的外包装上标注为阿拉比卡豆。我愣了一下才反应过来，在中国销售的豆子都要写上品种、产地、级别、风味，要多细有多细，写清楚了消费者才知道这豆是怎么回事，有没有必要入手，而在越南这个罗布斯塔豆生产大国，要证明豆子值得高价购买的标准——这是一款阿拉比卡豆。

越南超市货柜上的咖啡豆

中　国　　　1904年法国传教士田德能来到云南宾川传教。当时有个叫张邑清的恶霸不仅强占土地，还把若客来村的72位彝族姑娘卖了，乡亲们恨透了他，但官司怎么都打不赢，因为张邑清在官府人脉很广。乡亲们在宾川县城遇到田德能之后，眼前一亮，当时能让政府官员害怕的，恐怕也只有洋人了，而田德能接下来的所作所为确实对得起他自取的中文名字——有"德"有"能"，在他的努力之下，恶霸被送进了监狱。

既然这么有缘，就去村里传个教再走呗，田德能跟着乡亲们走了几十公里坑坑洼洼的盘山公路，来到了若客来村。老田做了三件事：第一，把村名改为"朱苦拉"，据说这个村名结合了彝语精华和法式浪漫；第二，在村里修建了一栋二层楼的木结构天主教堂；第三，把他从越南带来的咖啡树苗种在教堂外，这就是云南咖啡的来历。

后来，田德能死于云南昭通，他的使命似乎就是把咖啡带到中国。今天中国的咖啡种植面积总共超过180万亩，约99%在云南，每当说起中国的咖啡史，田德能这个名字无法忽略。

1952~1961年，云南咖啡种植第一次形成规模，主要销往苏联，但20世纪60年代随着国际关系的变化，大批咖啡树被砍伐，生产陷入了低迷。

1984年联合国给了云南种植咖啡的扶贫项目，咖农们开始种植阿拉比卡中的铁皮卡树种，但是量很少，未能形成规模。

1988年，不愿只押宝在巴西的雀巢公司带着专家在普洱郊区租了8亩地试种咖啡，成果可喜。第二年雀巢和云南省政府签订了长达14年的协议，云南的咖农在普洱、西双版纳等地种植咖啡，雀巢则承诺按美国现货市场的价格收购，同时提供技术人员、种苗以及无息贷款。此后的20多年间，雀巢派遣多位专家为当地咖农进行技术培训，手把手地教当地人民种植咖啡。直到现在，雀巢仍是云南咖啡豆稳定的收购商。

咖农们成为先富起来的一拨人。在一些同时种植咖啡树和茶树的村庄里，想分辨哪家种咖啡、哪家种茶非常容易，只要看看房子的新旧就可知道，住新房子的一般是种咖啡的人。

一切的风调雨顺于2008年画上了句号。

2009年云南遭遇旱灾，全省43.9万亩咖啡种植园中23.7万亩成灾，7.8万亩枯死，5.7万亩绝收。2012~2014年，几乎每年都遭受严重的霜冻灾害。从2016年开始，云南咖啡的收购价持续下跌，由20多年前的每公斤19元跌至15元。

和南美洲、非洲相比，我国的人工非常昂贵，这就决定了云南咖啡不具备成本优势。树种上云南人主要选用卡蒂姆，卡蒂姆产的豆子在口感上和花神、瑰夏等一流咖啡差距比较大。成本下不来，质量上不去，云南咖啡确实让人头疼。

那为什么云南咖啡不走高端路线呢？也种点奢侈品级别的豆子呗。

云南保山生产的圆豆小粒咖啡

难呐!

咖啡树是出了名的"慢性子"，从下种到结果需要3~8年时间，改个树种就得等这么多年，有多少人扛得住？诗和远方很美好，怎奈眼前的苟且过不去，很多农民认为种咖啡不如种豆角，因为后者两三个月就有收成。

其实云南的条件还是不错的，特别是海拔1100米左右的干热河谷地区（包括临沧、保山、思茅、西双版纳、德宏等地），光照时间长，土壤肥沃，有利于植物的光合作用，昼夜温差大，适合积累养分。和世界其他地区的咖啡相比，云南咖啡的营养价值很高。

海南好鸟咖啡客栈种植的咖啡树，边上有高大植物遮挡阳光

在云南，用铁皮卡树种（阿拉比卡的一种）种植的咖啡被称为小粒种，罗布斯塔种被称为中粒种、大粒种或粗粒种。小粒咖啡也算一匹黑马，1993年曾在比利时布鲁塞尔举行的世界咖啡评比大会上荣获"尤里卡"金奖，它不仅口感好，而且咖啡因含量偏低，适合那些不接受咖啡因的小伙伴。小粒咖啡完全有资格成为云南咖啡的代表作，但是云南土壤偏酸性，也缺少锌和铜等元素，小粒咖啡在这样的环境中仅能少量生产。

海南也产咖啡，不过当地海拔有限，海风又太大，也就罗布斯塔这样强壮的树种能成活，所以中国的咖啡制造还得看云南。但云南咖啡存在的问题还蛮严重的。希望云南的咖农能找到对咖啡深怀爱意的人士投资或贷款，以助力咖啡行业的发展，我就多买两包云南豆聊表心意吧。

咖啡知识问答

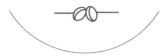

Q1 阿拉比卡豆和罗布斯塔豆有什么区别？

A 咖啡分3个大类：阿拉比卡（Arabica）、罗布斯塔（Robusta）和利比里卡（Liberica），利比里卡原产自西非的利比里卡地区，现在仅在菲律宾、印度尼西亚和马来西亚种植，产量小到可以忽略不计，所以我们只讨论阿拉比卡和罗布斯塔。

阿拉比卡原产地在埃塞俄比亚，它栽种在海拔600~2200米的高山上，对土壤和光照要求都很高，土壤不肥沃的地方，不长；日照时间不够的地方，不长。它抗病虫害能力很弱，非常娇嫩，需要细致耐心地看护和照顾，还是个"慢性子"，下种3~8年后才能有收成。

罗布斯塔原产地在非洲的刚果，属于刚果种的变种，栽种在海拔800米以下的低地。罗布斯塔如有金刚不坏之身，百虫不侵，对环境要求较低，土壤是否肥沃也不在乎，更无须细致的人工照顾，下种后约两年就能收获。非洲多数国家、越南以及印度尼西亚的多数地区都栽种罗布斯塔。

阿拉比卡虽然不好伺候，味道却真不错，它还能在不同的地理条件

阿拉比卡豆   罗布斯塔豆

下呈现出不同的风味，一个产地就代表了一个流派，蓝山、哥伦比亚、肯尼亚等优质咖啡均为阿拉比卡豆。总的说来，它的香气层次分明，口感丰富而醇厚，余韵悠长，满足了人类对美味的追求。

罗布斯塔豆口感平板，甚至有股霉味和轮胎味，多数用作速溶咖啡，少数质量较好的用作拼配咖啡。阿拉比卡豆形较长，呈椭圆形，中央线弯曲，咖啡因含量较低。罗布斯塔豆外形浑圆，中央线较直，咖啡因含量约为阿拉比卡豆的两倍。

和阿拉比卡豆一比，罗布斯塔豆处处不受待见。大家习惯用一些戏谑的语言来形容罗布斯塔豆，什么"粗壮豆"啦，"灰姑娘"啦，"恶魔的鼻屎"啦，真让人为它难过！其实，即使是阿拉比卡豆，品质也有高低之分，既有蓝山咖啡这样高贵脱俗的，也有巴西咖啡般粗糙平庸的，只有15%的阿拉比卡豆才能入选精选咖啡。

罗布斯塔豆天分不好，可是，我们有好好对待它吗？

是时候表扬一下印度人了。

在印度，多个咖啡种植庄园精心种植和处理罗布斯塔。他们将其栽种于日照充分、土壤肥沃的高海拔地区，如对待阿拉比卡般精心照顾它，耐心地为它除虫，并用水洗法来处理豆子，在此条件下栽种的罗布斯塔豆口感果然令人兴奋不已，它们虽永远不会像阿拉比卡那样口感清新飘逸，却有独特的小麦或坚果味。

印度最有名的"精选水洗皇家罗布斯塔"（India Kaapi Royal Robusta），价

印度罗布斯塔豆

格就比一般阿拉比卡贵，口感完全没有普通罗布斯塔的土腥味，反而具有沁人心脾的麦香味，黏稠度也很高，有人称赞它为"罗布斯塔豆中的劳斯莱斯"。

司马迁怎么说来着？王侯将相，宁有种乎！

Q2　咖啡树种在哪些地方？

A　咖啡树对种植条件是有要求的。

　　温度： 15~25℃为最适宜，低于5℃则生死难料。

　　降雨： 全年降雨量最好为1500~2000毫米。

　　土壤： 特别肥沃的土壤才能长出优质咖啡，带火山灰的土壤堪称人间理想。

　　海拔： 600米以上的海拔，越高越好，但最好不要突破2200米的极限，否则就太冷了。

　　咖啡生产区域位于南北回归线之间，主要产地包括印度尼西亚、也门、巴西、古巴、哥伦比亚等地区。

　　以上所述适用于阿拉比卡的栽种，如果是罗布斯塔，那就更好成活了，其旺盛的生命力让人无须为它担忧。

 **咖啡果如何采收？**

A 咖啡树结果之后，有以下几种采收方法。

搓枝法： 工作人员腰里挂个篮子，用手指顺着树枝往下搓，让咖啡果全部掉进篮子。优点是高效，缺点是后期处理比较麻烦，要么就花时间把不熟的和过熟的果子分拣出来，这样会多一道工序，要么就"佛系"处理，品质良莠不齐，质量堪忧啊。

摇树法： 工作人员猛烈摇动树干，咖啡果纷纷掉落，工作人员再捡起来。优点和缺点同搓枝法。

人工采收： 工作人员精挑细选，把成熟的咖啡果摘下来，过熟的扔了不要，不熟的留在树上再长长。优点是手法细腻，对每一粒咖啡果的生长规律做到了尊重和包容，缺点是效率低下。

机器采收： 用自动化的机器采摘咖啡果，这是巴西人最喜欢的采摘方式。我个人很看好这种采收方式，以前的技术是连树枝一起撸下来，未来有望用AI识别果实的成熟度，该摘的摘，该留的留，该扔的扔，最终实现生产力的大解放。

咖啡果

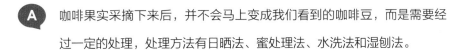

Q4　什么是日晒法、蜜处理法、水洗法和湿刨法?

A　咖啡果实采摘下来后,并不会马上变成我们看到的咖啡豆,而是需要经过一定的处理,处理方法有日晒法、蜜处理法、水洗法和湿刨法。

● 日晒法(Oost Indische Bereiding, OIB),也称为干燥法,是最传统也是最便宜的咖啡豆加工方法。具体方法是把采摘下来的咖啡果实放在地面上,每天用耙子扫几次,让咖啡豆均匀晒干。至于晒多少天,根据当地气候的湿度而定,短则几天,长则数周,最终让豆子的含水率低于12%。然后工作人员用脱壳机去除果肉、果皮,得到的就是咖啡生豆。

日晒法是一种比较粗糙的处理方法,瑕疵豆和异物很容易混进去,处理完的豆子形状不佳、大小不一,卖相不太好。目前采用日晒法较多的国家有也门、巴西等。

● 蜜处理法(Honey Process)也称为半日晒法,经由蜜处理的咖啡豆更为甜美。

这里的"蜜"指咖啡果的果胶。去除果肉后,咖啡果的种子上带有一层黏膜,即果胶,让种子带着果胶进行日晒干燥,能让果胶的甜度渗入豆子,这个制作过程被称为蜜处理法,出现在20世纪90年代的哥斯达黎加等中美洲地区,近些年越来越流行。

根据果胶留存的厚薄程度,蜜处理法分为黑蜜、红蜜和黄蜜3个梯度。

黑蜜几乎留存种子上的全部果胶,用持续14天以上的时间进行干燥,让糖分充分进入种子,工作人员会用遮光棚挡住阳光,避免干燥得太快。黑蜜处理的咖啡酸甜感最明显,带有果汁味道,但人工成本很高,价格是最贵的。

红蜜留存75%左右的果胶,用持续10~14天时间进行干燥,过程中有可能用到遮光棚,红蜜处理的咖啡风味均衡,带有提子味道。

黄蜜留存60%左右的果胶,放置在阳光之下,持续一周左右的时间即可完成干燥,黄蜜处理的咖啡口感上带有柑橘类味道。

● 水洗法（West Indische Bereiding，WIB），具体步骤如下：

1. 如果咖啡果实的采摘过程较为粗糙，则需要将咖啡果实浸在大水槽里，熟得刚刚好的果实会沉下去，而未熟或过熟的果实则浮在水面上，由此来进行筛选。

2. 把筛拣出的果实放入剥皮机，去除果肉，只留下咖啡的种子，即咖啡豆。

3. 把咖啡豆放入水洗池里来回冲刷，此时咖啡豆的表面留有一层果胶。

4. 把咖啡豆放在水槽内进行发酵，黏膜会自然分解。

5. 再次将咖啡豆放入水洗池来回冲刷，让黏膜脱离豆子。

6. 把咖啡豆放在阳光下干燥。

7. 当咖啡豆的水分只有12%时，再用脱壳机对它们进行打磨，去除内果皮（另一种叫法为羊皮纸）。

水洗法也有缺点，发酵过程中一旦水槽中有微生物，咖啡豆很容易沾染上臭味。但总的说来，水洗法是一种精耕细作的处理方法，用水洗法处理的豆子形状整齐，总体质量较高，大部分阿拉比卡豆都用这种方法来处理，哥伦比亚、肯尼亚、危地马拉、牙买加、墨西哥和夏威夷等地都特别爱用水洗法。

● 湿刨法（Wet Hulling）也就是半水洗法，是印度尼西亚特有的处理方法，大致过程如下：

1. 将成熟的咖啡果放入剥皮机，去除果肉。

2. 把咖啡豆放入水洗池里来回冲刷，此时咖啡豆的表面留有一层果胶。

3. 将包有果胶的咖啡豆浸泡在水桶里，发酵一晚。

4. 把咖啡豆摆在露天农场，平铺晾晒，这个过程需要几小时到一天不等，视当日的空气湿度而定，当豆子的含水量控制在35%左右时，晾晒完成。

5. 用脱壳机对它们进行打磨，去除内果皮。

6. 送到露天农场进行最终的晾晒，直到豆子的含水量小于12%。

湿刨法和水洗法的差别主要在于最后两步，涉及去羊皮纸和晾晒先后的问题。

如果咖啡豆长时间保持较高的含水量，就会被细菌"骚扰"，所以需要留着羊皮纸以保护生豆。前面讲过，咖啡豆处理的终点是将含水量控制在12%以下。在热带

气候下，达到这一目标平均要花上两三周，但印度尼西亚空气湿度太大了，两三周的时间显然不够，如果再包有一层羊皮纸，用于干燥的时间会更长，所以水洗法先晾晒再去羊皮纸，而湿刨法先去羊皮纸再晾晒。

 Q5　什么是厌氧发酵？

A　不论日晒还是水洗，或者小众的湿刨法和蜜处理，均包含发酵这个步骤。厌氧发酵是把豆子放在真空密闭容器内进行发酵，在这个过程中，果胶糖分分解和pH下降的速度都会减缓，最终得到的咖啡豆风味将更丰富，也更具个性化。

咖啡树的树种和种植环境决定了咖啡豆先天的品质，后期的处理则是人类用技术手段对咖啡的口感加以干预，处理技术越精细，最后呈现在大家面前的咖啡豆品质就越高。

厌氧发酵细分为很多种，比如橡木桶发酵水洗处理、酵母厌氧处理、双重厌氧水洗处理、低温慢速厌氧蜜处理等，为咖啡增添了很多风味。现在有个词叫"增味咖啡"，就是指这些被精心处理过的咖啡豆。

可能有的小伙伴会问，既然厌氧发酵之后咖啡会更好喝，那为什么不能成为一种常规处理手段呢？原因是厌氧发酵涉及时间、温度、压力等参数的掌控，既"烧钱"也"烧人工"，不是每个种植园都承担得起的。

Q6 咖啡树有哪些树种？

A 在阿拉比卡和罗布斯塔两大门类之下，还有一系列小分类，大致情况如下。

精品咖啡都来自铁皮卡和波旁以及它们的"合资"产品，前面讲过的瑰夏就是铁皮卡的近亲，但是阿拉比卡实在太弱不禁风了，叶锈病一来，无论哪个树种都只有"躺平"这一条路，所以人们只好把罗布斯塔和阿拉比卡进行杂交，希望口感上不要像罗布斯塔那么粗糙不堪，体质

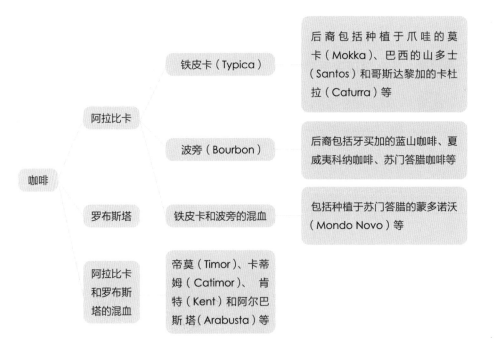

上比阿拉比卡更强壮有力，中和后的结果是这些树种确实能抗叶锈病，但口感上难以登峰造极。云南地区主要为卡蒂姆树种，血统比例为阿拉比卡占3/4，罗布斯塔占1/4，迄今为止还没有在世界权威的咖啡大赛中取得好成绩，也算不上精品咖啡。

Q7　为什么海拔越高，咖啡质量越好？

A　海拔越高气温越低，咖啡树的生长速度越慢，所以咖啡树在成长过程中吸收到的养分就越多，咖啡豆的密度较高，质地越坚硬，咖啡也就相应拥有迷人的风味。

Q8　怎样才算得上精选咖啡？

A　产自高山地区并且经过严格挑选和分级的优质阿拉比卡豆，完全没有瑕疵豆，通常采用少量烘焙，烘焙后7天内饮用，最重要的是有独具特色的风味，这样的咖啡才有资格称为精选咖啡。

　　能称得上精选咖啡的有牙买加的蓝山、埃塞俄比亚的耶加雪菲、巴拿马的瑰夏、古巴的琥爵、危地马拉的安提瓜、夏威夷的科纳，等等。

Q9　什么是庄园咖啡？

A　这里的庄园是指中型的农庄，这些农庄有一定的经济实力，对咖啡施以精心种植、采摘、处理和分级，最后以自有品牌进行销售。每个庄园都有其独到的咖啡处理方式，庄园咖啡的品质称得上出类拔萃，但是其产量有限，也不是全年都能喝到。

　　著名的庄园有哥斯达黎加的拉米妮塔庄园、巴布亚新几内亚的西格里农庄、巴拿马的杜兰农庄、牙买加的柯纳斯黛尔农庄和玛维斯邦农庄等。

Q10 猫屎咖啡真的带屎吗？

A 猫屎咖啡（Kopi Luwak）来自印度尼西亚。印度尼西亚的麝香猫喜欢吃咖啡果，但无法消化咖啡果坚硬的种子，只能通过粪便排出体外。当地人倒也不是天生重口味，只不过勤俭节约的原则不能丢，他们把这些种子清洗干净接着用，一不小心发现口感还蛮特别的，就拿来售卖，谁料一炮而红！

　　猫屎咖啡之所以拥有别具一格的口感，原因有二：一是种子在麝香猫的体内进行了发酵，使一部分蛋白质被破坏，咖啡含有的苦味也因此减少；二是麝香猫肛门腺会分泌一种味道（非说这是香味也行吧），这种味道渗入种子，让猫屎咖啡的口感具有强烈的标识性，令人一饮难忘。

　　猫屎咖啡一旦成为财富密码，麝香猫就倒了大霉了，当地人为了让麝香猫多产出，疯狂喂食咖啡果，这样一来，麝香猫的食物来源变得单一，很容易营养不良。另外，崇尚自由的麝香猫被人们关在笼子里，精神压抑，心情烦躁，寿命大幅缩短。

猫屎咖啡

麝香猫

我参观过印度尼西亚的猫屎咖啡产业园，一锅豆子能搞出这么丰富的成色来，我也是服气的。

除了猫屎咖啡，有创意的人还搞出了牛屎咖啡、象屎咖啡、鸟屎咖啡、松鼠屎咖啡……价格一个比一个夸张，让我异常费解。

只有麝香猫拉出来的才称得上是真正的猫屎咖啡，但麝香猫的数量很少，在中国被列入国家二级保护动物，市场上的猫屎咖啡多数为假货，不知道是什么猫拉出来的，也不知道是不是猫拉出来的。我在不同的场合喝过几次所谓的"猫屎咖啡"，每次味道都大不一样，我几乎以为猫屎咖啡的猫是"薛定谔的猫"。

 公豆、母豆、圆豆和平豆是什么？

公豆即圆豆，英文名Peaberry，母豆即平豆，英文名Flat Beans，公豆和母豆这两个名字也不知道谁取的，叫圆豆和平豆多好，一目了然，生动形象。

咖啡树自花授粉，雌雄同体，不分公母。成熟的咖啡果我们称为咖啡樱桃，正常情况下，一颗咖啡樱桃里含有两个种子，即两粒咖啡豆，这样的咖啡豆我们称为母豆。但是，当出现久旱不雨或者营养不良的情况时，花的生长节奏有可能被打乱，花开得过早或过迟，导致两颗种子合而为一，成为公豆，当然从外面看仍是鲜艳诱人的咖啡樱桃。

每个产地的咖啡树都有可能长出公豆来，相对于母豆，公豆在口感上未必占有优势，历年在咖啡杯测中脱颖而出的佼佼者均为母豆。不过咖啡豆能长得如此异形实属难得，所以公豆的价格会比较高。

蓝山No.1圆豆

Q12 有机咖啡是怎么回事？

A 有机咖啡要求在种植过程中不使用化肥及任何杀虫剂，而是采用有机肥料（如动物粪便）让土壤更肥沃，用手工的方式除虫除草。

手工意味着低效，也意味着产量低下，所以有机咖啡的成本非常高昂。另外，为咖啡贴上有机的标签需要一笔费用，每年需3000~4000美元，这导致一些种植户即使进行了有机种植，也无力进行认证。

费了这么大劲种出来的有机咖啡在品质上完全不具备优势，它并没有因为种植户流下了很多汗水而变得更好喝。

那么为什么还有那么多人在种植有机咖啡呢？因为情怀！

保护环境，人人有责。地球是我家，环保靠大家。祸从污染起，福自环保来。家事国事天下事，环境保护是大事！垃圾分类、减少碳排放、使用可降解材料、种植和食用有机咖啡……总得为这可爱的地球做点什么吧？

速溶咖啡和现磨咖啡，我们喝哪一种？

Ⓐ 肯定是现磨咖啡呀。

从咖啡豆的选择上来说，现磨咖啡更讲究。速溶咖啡采用罗布斯塔豆，其中的碎豆、坏豆、不良发育品种一般不会被剔除，速溶咖啡的主要成分是植脂末和糖，次要成分是咖啡，既然咖啡好不好没那么容易喝出来，那用高档的豆子不是浪费吗？

从健康的角度来说，现磨咖啡更胜一筹。

速溶咖啡的生产工序：预处理→焙炒→磨碎→萃取→浓缩→干燥。当加热过程超过120℃，食品中会产生丙烯酰胺，温度越高、加热时间越长，形成的丙烯酰胺越多。速溶咖啡是将咖啡豆进行再加工取得的，丙烯酰胺含量是现磨咖啡的2~3倍。丙烯酰胺是一种致癌物质，长期低剂量接触会出现嗜睡、情绪和记忆改变、幻觉和震颤等症状，伴随末梢神经疾病。此外，速溶咖啡所含的植脂末是一种氢化物，含有反式脂肪酸，容易诱发血管硬化，增加心脏病、脑血管意外的可能性。

速溶咖啡最大的优点是方便，不过人类已经拥有挂耳咖啡了，热水一冲，美味自然来，简直就是速溶咖啡的克星。

如果你特别钟爱速溶咖啡，我觉得马来西亚的白咖啡还不错，白咖啡由低温烘焙而成，丙烯酰胺含量偏少，味道醇厚顺滑，口感不像咖啡，倒像咖啡味的奶茶，堪称"速溶咖啡一枝花"。

Q14 什么是单品咖啡，什么是花式咖啡？

A 单品咖啡即单一产地、单一品种的咖啡豆，饮用时一般不加糖和奶，它有个不太专业的称呼叫"黑咖啡"。我们用虹吸壶、滴滤壶萃取的都是单品咖啡。

　　花式咖啡就是加入了其他元素的咖啡，如奶油、巧克力酱、牛奶、红石榴汁等，比如卡布奇诺、拿铁、康宝蓝等。

蓝橙咖啡

（其成分为意式浓缩咖啡、蓝橙酒、奶油、炼乳、冰激凌、樱桃）

Q15 喝咖啡有利于健康吗？

A 咖啡在健康问题上经常被质疑，我姑且把它当成赞美，毕竟良药苦口利于病。这种把美味和健康对立的观念几乎已经泛化，我外婆活着的时候经常苦口婆心地劝我吃苦瓜，据说苦瓜营养丰富、明目去火，但我是不服气的，适合人类食用的植物那么多，为什么不选择那些好吃且有营养的？

所以，人们误解咖啡有损健康，我认为应该是在赞美咖啡好喝。

咖啡对健康有好处，也有坏处。好处是能保护肝脏，降低患肝硬化的风险，咖啡因会刺激胆囊收缩并减少胆固醇，可预防胆结石，还具备解酒功能，喝过咖啡之后，由酒精转化而来的乙醛会被快速氧化，分解成水和二氧化碳。另外，在咖啡爱好者中，老年痴呆症和帕金森症患病率偏低。

坏处是过多饮用咖啡会引发钙的流失，造成骨质疏松，也会刺激心脏。我当年学咖啡的时候，每天要喝很多杯，心脏跳得非常厉害。

有一些资料把咖啡说得包治百病，甚至还引经据典，这个我也难以认同。咖啡只是一种饮料而已，不能把它当成保健品，但也不会"致人于死地"。

Q16 喝咖啡能减肥吗？

A 别做梦了。我上大学时喝过减肥茶，每天腹泻，浪费手纸浪费水。两个月后，我悲痛欲绝地发现，一斤肉都没掉！我妈妈喝另一个品牌的减肥茶，体重没下来，血压倒上去了。

连减肥茶都搞不定的事，咖啡就更无能为力了，咖啡本身含有脂肪和糖分，还有那些添加的奶咖，糖、奶、椰浆、巧克力酱，这不都是热量吗？管住嘴，迈开腿，这才是最好的减肥路径。幻想什么都不干，吃香的喝辣的还顺带掉肉，我喝咖啡十几年了，没听说过这样的好事。

但是，有一件事是真的：运动前30分钟喝上一杯咖啡，可以有效提升脂肪氧化率，让减脂事半功倍。重点是运动前，也就是喝完咖啡还得运动才有效果。

看这满满的奶油、巧克力酱，不增肥就不错了

Q17 为什么有人喝咖啡越喝越困？

在回答这个问题之前，我先解释一下为什么喝咖啡能提神。

人在活动时需要消耗能量，而能量的提供主要依靠腺苷 —— 一种不稳定的高能化合物，它在水解的过程中会释放大量能量，从而为人体供能。腺苷的"男朋友"是神经元上的腺苷受体，当腺苷遇到腺苷受体时，两者结合，腺苷沉浸在爱情中无法自拔，不思进取，荒废工作，于是人类没了能量，就会感到疲惫。咖啡因与腺苷的化学结构相类似，它擅长冒充腺苷和腺苷受体"谈恋爱"，失恋的腺苷只好转身去当工作狂，持续地产出能量。所以，喝咖啡能提神。

有人越喝越困又是怎么回事呢？

原因之一，喝晚了。如果腺苷和腺苷受体已经合体，那咖啡因只能眼巴巴地看着它们相亲相爱，却无能为力。

原因之二，平时喝得太多了。人体具有自我调节机制，如果长期频繁地摄入咖啡因，神经元上的腺苷受体会越来越多，即使咖啡因抢占了一部分腺苷受体，但还会有一些腺苷受体处于"单身状态"，摩拳擦掌地找腺苷"谈恋爱"。

原因之三，咖啡里的糖分太多。如果喝的是摩卡可可、焦糖玛奇朵这类含糖量高的咖啡，体内的胰岛素会跑出来降血糖，血糖猛降后我们当然会犯困。

原因之四，天赋异禀。人和人的基因不同，有人的腺苷受体天生火眼金睛，有本事识别真正的腺苷，不理会咖啡因这种冒牌货。还有些人代谢速度特别快，咖啡因还没和腺苷受体结合呢，就已经被排出体内了。

焦糖玛奇朵，喝了有可能犯困的咖啡

下篇

★ 实战咖啡 ★

COFFEE

Everything You Ever
Wanted To Know

5

咖啡之旅，研磨开始

🫘 螺旋桨式磨豆机

有时候买咖啡店家会送磨豆机，一般为螺旋桨式磨豆机，价格很便宜，最贵的一款也到不了300元，其中最出名的磨豆机品牌是Hero。

这种磨豆机通过电动马达带动两个刀片像螺旋桨那样反复旋转，把豆磨成粉。除了磨咖啡豆，黄豆、红豆、中药材……统统不在话下，也算"多才多艺"了，缺点是研磨不均匀，细粉率高，刀片转动时产生的热量太多，容易烫伤咖啡粉，因为芳香物质的沸点都偏低，过高的温度将造成香气的流失。

大家既然有心要学咖啡，就别选这种磨豆机了，咖啡从下种到处理再到烘焙，一路走来多不容易啊，总不能毁在磨豆机上吧？

🫘 锥形刀式磨豆机

手摇磨豆机全部为锥形刀式，高端产品如德国司令官（Comandante）C40。锥形刀式磨豆机是底部的锥形刀盘和外环刀盘配合，把落入两个刀盘之间的咖啡豆碾成粉，可通过调节两个刀盘之间的间距调整粉的粗细。如果用放大镜观察锥形刀式磨豆机磨出来的粉，会发现粉呈块状。

优点是颗粒间的碰撞次数较少，研磨过程中产生的热量不多，咖啡粉粗细较为均匀，细粉率偏低。缺点大家都懂，效率低，费力气。

锥形刀式磨豆机用久了，会有一股难闻的味道，这是因为残留的少量咖啡粉沾在刀盘上，时间长了发生氧化作用，这时需要把磨豆机拆开清理。

最便宜的手摇磨豆机和最贵的价格能差50倍以上，几十块钱的手摇磨豆机可称为"玩具机"，虽能磨豆，但是刀盘太钝了（还容易坏），粉下得特别慢，磨了半天，才出一点点粉。德国司令官为什么能卖2000多元呢？因为它的刀盘使用的是航空级别的合金高氮不锈钢，并且从粗到细有30多个刻度，基本满足人类一切需要。

接下来我再说明一下手摇磨豆机怎么用。

手摇磨豆机

手摇磨豆机的用法

1 将顶上的螺丝拧下来。

2 打开手柄，将标志刻度的铁条放在
某一格（每一格代表不同的粗细）
上，再将手柄和螺丝重新安装上
去。这个需要多次调试，因为格上
面没有刻度，大家可以用马克笔在
上面做标识。

3 将咖啡豆放在磨盘中。

4 以均匀的速度和力量摇动手柄。

5 从抽屉中取出咖啡粉。

🫘 平刀式磨豆机

如果我们要萃取意式浓缩咖啡，那一定要选择平刀式磨豆机。德国WBC磨王迈赫迪（Mahl-konig）EK43是其中的奢侈品，其价格之高，让我望而却步。

平刀磨豆机的运行原理是，咖啡豆落下时，底部旋转的刀盘将之推进齿刀部分进行切削，两个刀盘之间的距离决定了粉的粗细。如果用放大镜看，最后磨成的粉为片状。优点是刀盘的调节灵敏度高过其他研磨机，所以确实能把咖啡粉磨得很细。缺点是均匀度稍差，细粉较多，研磨过程中产生的热量较多，有可能烫伤咖啡粉，大家操作的时候要磨一磨，停一停，不要一直磨。

🫘 鬼齿刀式磨豆机

如果我要使用虹吸壶或者做一杯手冲咖啡，我会倾向于选择鬼齿刀式磨豆机，代表机型有日本富士鬼齿磨豆机。

鬼齿刀式磨豆机的刀盘和平刀式磨豆机的平刀刀盘比较接近，但平刀刀盘的花纹为线形的，鬼齿刀刀盘则为臼齿形，最后磨成的粉是椭圆形的。因为臼

平刀式磨豆机

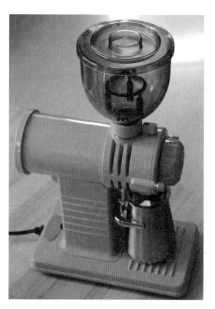

鬼齿刀式磨豆机

鬼齿刀刀盘

刀盘背面

齿的形状和排列比较复杂，所以刀盘只能选用硬度偏低的材质，寿命也相对较短。

上面是鬼齿刀式磨豆机的两个刀盘，本来应该把所有磨豆机都拆一遍，给大家看看内部结构，但很抱歉，我只拆了这一个，就差点装不回去，吓得我实在不敢动其他磨豆机了。

鬼齿刀式磨豆机的优点是研磨均匀，粉有一定的厚度，咖啡本身的风味更容易被萃取出来，缺点是精细度差，几乎不可能把粉磨得很细。

磨豆机自带的细粉筛

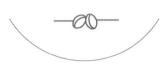

6
萃取一杯好咖啡

滴滤壶（手冲咖啡）

1908年，爱喝咖啡的德国人梅莉塔·班茨（Mellita Bentz）在一个铜制杯子的底部打了个洞，把儿子的吸墨纸放在杯子里，再将咖啡粉倒在吸墨纸的中间，用热水冲泡，手冲咖啡就这么被发明了。当年的6月20日，她去皇家专利局申请了专利，又在自己家注册了梅莉塔公司，当年的这家小公司如今已经发展成遍布世界的大集团，拥有数千名员工。

我学咖啡的时候，几乎找不到主打手冲咖啡的店，老师也是随便教教就完了。但随着第三次咖啡浪潮在国

滴滤壶（滤杯和滤壶）

内越来越汹涌，咖啡制作科学化、数据化的核心观念渐渐深入人心，法压壶、虹吸壶统统退闪一边，特别是法压壶，我常常看到有人用它打奶泡，也为它深感不忿，谁还记得这原本是一款迷倒过星巴克老板霍华德·舒尔茨的咖啡萃取工具？多年无人问津的手冲咖啡则如日中天，不会手冲都不好意思说自己是玩咖啡的。命运啊，真是个谜！

在学习手冲之前，我们先了解几个概念。

● **粉水比：** 萃取咖啡时，咖啡粉的重量和水的重量的比重，手冲咖啡的粉水比在1：15～1：18之间最为合适。

● **TDS（Total dissolved solids）：** 咖啡中的可溶解性固体总量。TDS浓度越高，表示水中含有的溶解物越多，也就是咖啡浓度越高。

● **萃取率：** 萃取出的咖啡物质占咖啡豆重量的比例。咖啡豆中有70%为无法萃取的木质纤维，只有30%的物质可被萃取（这30%倒也不必全部萃取出来）。

萃取率=咖啡液的重量×TDS浓度÷咖啡粉重量

我们一般将咖啡粉的吸水率设置为200%，也就是说，如果用了10克的粉，那么会有20克的水留在滤纸和粉渣里，无法成为咖啡液。

接下来我们做道应用题。假设我们投入10克的咖啡粉，粉水率设定为1：16，则总共需注入160克的水，如果最终的TDS浓度测得为1.3%，那么咖啡液的重量为160－10×2=140克。萃取率为140×1.3%÷10=18.2%。

美国国家咖啡协会（National Coffee Association，NCA）在进行一系列的调查研究后，推出了金杯准则，即萃取率介于18%~22%、TDS浓度介于1.15%~1.35%为咖啡的最佳萃取段。

按这个标准来看，我们这杯咖啡中规中矩。

设立标准的意义在于给新人一个参考值，我们刚开始学咖啡的时候，舌头不灵光，手法也不老到，不知道自己的咖啡到底行不行，这时候手边有个可量化的标准就踏实多了，但是当我们熟练地掌握冲泡技能后，就没必要把数据看得这么重，高手的境界是从心所欲不逾矩。

大家可能会好奇，上面的计算涉及的TDS数值是怎么得出来的？人类的舌头显然无法进行如此精确地鉴定，所以必须依赖科技，网上卖的智能咖啡浓度仪，600元左右，把咖啡滴在仪器的测试区，手机软件上会显示一切数据。

手工冲泡壶

做一次手冲咖啡需要用到以下工具：锥形刀式或鬼齿刀式磨豆机、手工冲泡壶、滤器、滤纸/滤网、滤壶、电子秤、温度计。

滤壶
（有的滤壶、滤器分离，上图为一体式）

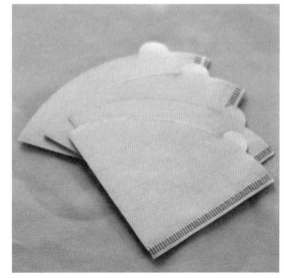

滤纸

操作说明：

咖啡粉的粗细：有人形容每粒咖啡粉的大小约为小米的一半，有人形容咖啡粉的粗细和一元硬币上字母"G"的线条直径相同，大家手上有什么参照物就可以用什么来衡量。

水温：85~93℃。要问到底是85℃还是93℃，这得看烘焙情况，深度烘焙的咖啡粉比较软，水温以85℃为宜，中度烘焙的咖啡粉90℃的水温刚刚好，浅度烘焙的咖啡粉最硬，适合用93℃的热水。

准备工作：

①研磨15克咖啡粉；②将热水装入冲泡壶，以1∶16的水粉比计算，冲泡咖啡共需使用240克热水，但因润湿滤纸会消耗一些水，所以我们准备的热水应该多于240克。

萃取过程

1 先把滤纸折一下。

2 把滤纸放入滤壶，再把滤壶放在电子
   秤上。

3 用冲泡壶淋湿滤纸，使之紧紧贴在滤
   壶上，然后将滤壶中的水倒掉。

4 加入15克咖啡粉，铺平。

5 电子秤归零。

6 开始注水，从咖啡粉中心由内向外、
   再由外向内绕圈注水，假装自己在

"画一盘蚊香"。第一次注水时,注入相当于咖啡粉两倍的水,我用了15克咖啡粉,所以应注入30克水。电子秤上显示的时间约为10秒。

7　耐心等待咖啡完成闷蒸的过程,当电子秤显示时间为40秒时,开始第二次注水,继续"画蚊香",从咖啡粉中心由内向外、再由外向内绕圈注水,这次注水量为全部水量的2/3,也就是160克水。

8　当电子秤显示时间为1分钟时,停止注水,开始闷蒸。

9　当电子秤显示时间为1分30秒时,进行第三次注水。将壶里剩余的热水同样从中心由内向外、再由外向内画圈的方式缓缓倒入。

10　当电子秤显示时间为2分钟时,移开滤纸,整个冲泡过程完成。

11　轻轻摇晃滤壶,使咖啡液充分混合。

特别提示：

1. 咖啡豆磨成粉后，香气散失得很快，所以应现磨现冲，不要过早磨好粉。

2. 注水的手法一定要轻柔，不要一下子倒入太多水。

3. 滤器排水孔的数量不同，有的只有1一个孔，有的3个孔，孔的大小也不一样，因而流速也不同。手上的滤器流速大，那就慢点注水，如流速小，注水就可以稍微快一些。

4. 注水要慢慢来，尽量避免水位超过粉层的最高点，最好能维持闷蒸时的小山包状态。

5. 注水时请避开滤纸，因为水注到边缘部分很容易把粉冲散。

6. 萃取不足会导致口感过酸，萃取过度会过苦，成功的手冲咖啡一定具备平衡感，如果觉得咖啡口感不对劲，我们就要进行调整。萃取不足时，可延长萃取时间或把咖啡粉研磨得更细，萃取过度时，可缩短萃取时间或把咖啡粉研磨得稍粗，一次只调整一项，比如我们发现咖啡太酸，则在延长萃取时间或把粉磨得更细两种策略中任选一项，如果两者都调，可能会矫枉过正。

7. 我所给的萃取时间仅供参考，大家操作熟练之后，请根据手中咖啡的实际情况进行微调，咖啡粉本身含有二氧化碳，越新鲜的咖啡粉二氧化碳越多，所以可在第一次闷蒸时延长几秒，让气体排出去。

8. 浅烘焙的咖啡豆因为密度较大，容易出现积水的情况，即萃取时间已经很长，但水流不下去，处理办法如下：一是调整研磨度，将咖啡粉研磨得再粗一点，粉越细越容易堵，越粗流得越顺畅；二是断舍离，时间到了就果断停止萃取，把积水扔了，咖啡大部分的精华在萃取伊始就已经提炼出来了，宁可在咖啡液里加水，也不要过萃。

9. 最后介绍一种名为"一刀流"的萃取方式，操作简单，适合新手。之所以叫一刀流，是因为除了闷蒸之外，仅需注水一次，用这种方式萃取咖啡，水温以93℃为宜，咖啡粉应研磨得更细一些，以提高萃取率，粉水比仍然是1：15。

🫘 虹吸壶

我学咖啡的时候，虹吸壶正处在"壶生巅峰"，那时候日系咖啡馆很多，随处可见咖啡师手持一把虹吸壶在吧台上聚精会神地煮咖啡。我在新买的咖啡书籍扉页上写了一句话：总有一天，我要成为最好的咖啡师，用虹吸壶萃取这世界上最美味的咖啡。

前几天看到一个咖啡师在镜头前激动万分地说："在北京的XX路，居然有一家使用虹吸壶的咖啡馆，走，让我们瞧瞧去！"我恍如隔世，从什么时候开始，用虹吸壶煮个咖啡成了"居然"？这个世界背着我干了什么？

无论我曾经多么深爱这款壶，也不得不承认，在第三次咖啡浪潮的冲刷下，它沉寂了，小众了，慢慢淡出人们视野了，

虹吸壶

连我都用得少了，但我仍然坚定地认为，这是一种非常好用的、有足够能力萃取出优质咖啡液的工具，它让我这个讨厌化学课的人第一次爱上了做实验的感觉。

虹吸壶又叫塞风壶，英文名Syphon，1840年由苏格兰工程师罗伯特·纳皮耶（Robert Napier）发明，用的不是虹吸原理，而是热胀冷缩原理，即咖啡粉在上壶，水在下壶，咖啡师加热下壶，温度将水蒸气推至上壶，形成闷蒸效果，关火后，水流至下壶，萃取出咖啡液。和滴滤壶一样，虹吸壶也适用于萃取单品咖啡，但粉水比为1∶12~1∶15，所以虹吸壶萃取的咖啡更为醇厚。

虹吸壶所用咖啡粉的粗细程度相当于白砂糖，和手冲咖啡一样，仍然可根据最

终的口感进行研磨粗细的微调。

　　虹吸壶有很多种玩法，我介绍一种吧。

下壶　　　　　　　搅拌棒　　　　　　滤器

上壶　　　　　　　热源　　　　　　　上壶盖

萃取过程

1　将滤器装入上壶，并扣紧玻璃管底部。

2　在下壶加入温水。

3　打开热源，开始加热。

4　当水冒小泡时，将上壶垂直插入下壶。

5　水蒸气推至上壶后，观察水的状态，当水开始冒大泡时，说明水温已经
达到92℃左右，可倒入咖啡粉。

6　用十字搅拌法将咖啡粉和水迅速混合在一起，要确保每粒咖啡粉都接触
到水，然后等待20秒。

7　顺时针搅拌5~10次，然后等候30秒。

8　关闭热源，静等咖啡液全部流至下壶。

9　轻轻拧下上壶，倒出下壶的咖啡液。

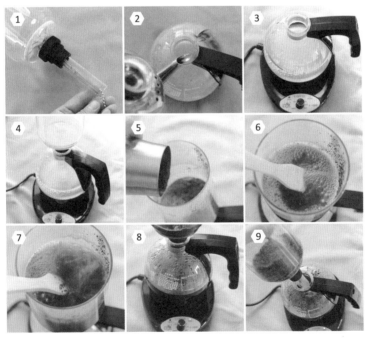

特别提示：

1. 虹吸壶的热源包括酒精灯、电炉和卤素光波炉3种，光波炉和电炉都可调节火力大小。现在光波炉应用最广，但我个人很讨厌光波炉，它所散发的红彤彤、阴森森的光成功地制造了一种诡异的感觉，所以我选了电炉。大家若是以酒精灯为热源，一定要在下壶加热水，这是因为酒精灯的火力较微弱，如果烧的是冷水，达到80℃时水就会被推到上壶。而当水在上壶时，下面无论如何加热，上壶的水温都不会超过90℃，会出现萃取不足的情况。
2. 虹吸壶和手冲壶一样，适合几乎所有从浅烘焙到深烘焙的豆子，但意大利咖啡豆除外。
3. 使用之前先擦干下壶，如果下壶的外表有水滴，烧的时候可能会使壶爆裂。

🫘 摩卡壶

摩卡壶的英文名是Moka，也门的摩卡咖啡的英文是Mocha，意大利人喜欢喝的摩卡可可咖啡的英文是Caffe Mocha，大家注意区分。

摩卡壶分上壶、粉碗和下壶，咖啡粉放在粉碗里，水加在下壶里。下壶受热后，产生水蒸气，水蒸气经过粉碗，形成咖啡液，再通过细管流入上壶中。

摩卡壶的粉水比大约为1∶6，如果在粉碗里放15克咖啡，就要用大约90克水，TDS浓度为5%~6%，这个浓度经过牛奶的调配之后，仍能保持浓郁的咖啡味道。所以，如果想在家做卡布奇诺或拿铁之类的奶咖，摩卡壶是个物美价廉的选择。

摩卡壶

上壶　　　　　　　　粉碗　　　　　下壶（请记住安全阀的位置）

挑选摩卡壶有以下几个要点。

1. 材质要厚实，做工要精细，单薄粗糙的肯定质量不好。

2. 检查密封圈和上壶的咬合是否紧密，没用过的全新摩卡壶可能存在旷量，一般来说，使用几次后密封圈和上壶会自然贴合。

3. 铝制的壶比不锈钢的好一些，因为不锈钢在加热时，容易出

现局部加热过快的情况，导致整把壶受热不均匀。也许大家会问我为什么不选铝制的？上图中的壶是我刚学咖啡时买的，年代悠久，当初也没人告诉我铝制壶更好，我又处于年幼无知的状态，只知道意大利比乐蒂牌的好，于是就买了这个，看看我这把壶上斑斑的锈迹就知道，我根本不爱它，当然，爱它的人也不多，常年以来摩卡壶都处于人类的鄙视链底端。

先说明两点：一是咖啡粉的研磨粗细，有人形容每粒咖啡粉的大小约为小米的五分之一，有人形容粉粒大小在半自动意式咖啡机所需的研磨度和手冲咖啡之间，我还是那句话，大家怎么方便怎么来。二是尽量用热水，冷水会延长加热时间，相当于把咖啡粉又烘焙了一遍。

萃取过程

1 在下壶中加热水，水位不要超过安全阀。

2 在粉碗中加咖啡粉，轻轻压平即可，不必压得太紧，否则安全阀有可能崩开。

3 将粉碗放入下壶。

4 将上壶和下壶拧在一起后，放于热源上，电磁炉和燃气灶都可以，中火。

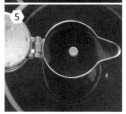

5 听到"噗噗"声时，立刻关火，将摩卡壶从热源上移开。

特别提示：

1. 粉碗必须满载，两人份的摩卡壶一次煮两杯，三人份则煮三杯。如果我买了两人份的摩卡壶，却只想萃取一人份的意式浓缩咖啡，这就尴尬了，咖啡粉的厚度不够，热水上流时的阻力就不足，热水会过快地穿越粉碗进入上壶，最终"造就"一杯失败的咖啡。

2. 咖啡萃取完成后，下壶会残留一些水，这是正常现象，并非操作不当，无须自我检讨。

3. 右上图这种滤纸是专为摩卡壶设计的，我认为大可不必使用这种滤纸，因为使用滤纸会给水流通过咖啡粉造成阻力，使萃取时间过长。

4. 如果有白色的液体从细管里流出来，说明已经萃取过度。

表面黄色的油脂即克立玛

5. 摩卡壶萃取出来的是意式浓缩咖啡，应该用意大利咖啡豆（特别是中度烘焙的意大利豆），其他豆子不要用这把壶煮。

6. 铝制的摩卡壶每次用完后请擦干，否则会出现氧化现象，即壶的表面发黑。

7. 请先用毛巾裹住下壶，再进行和下壶有关的一切操作。因为用的是热水，操作过程中有可能烫到手。道路千万条，安全第一条！

我们常常喝到各种拉花的奶咖，用摩卡壶萃取的意式浓缩咖啡能否拉出花来？

先告诉大家一个坏消息：不能。因为拉花是牛奶和咖啡表面的油脂克立玛（Crema）结合后出现的产物，而摩卡壶萃取的咖啡没有克立玛。

再告诉大家一个好消息：摩卡壶萃取的咖啡虽然不能拉花，但是，以巧克力酱为颜料，以奶泡为画布，以拉花针为画笔，以挤酱瓶为颜料管进行雕花，还是做得到的，接下来请欣赏一下我这位灵魂画手的作品吧。

我用手工打奶壶打的冰奶泡，因为冰奶泡更绵密，能承受住巧克力酱的压力。至于冰卡布奇诺或冰拿铁口感怎么样，那必然好喝呀，请大家再欣赏一下我特意为之创造的顺口溜：咖啡加冰，面目一新，咖啡加奶，越喝越爱！

雕花咖啡

半自动意式咖啡机

1901年，世界上第一台半自动意式咖啡机由米兰的一名工程师发明，1961年，飞马公司（FAEMA Espresso Coffee Machine）以泵取代活塞，生产了第一台泵式的半自动意式咖啡机，它不仅是物理意义上的重量级机器，也是人们心中的重量级器具，有了它，才有了意式浓缩咖啡，也就是我们最常念叨的Espresso，继而有

商用半自动意式咖啡机   家用半自动意式咖啡机

了拉花，人类在咖啡上的想象才有了更大的发挥空间。

　　半自动意式咖啡机的原理是利用高压蒸汽和水的混合物快速穿过咖啡层，瞬间萃取出咖啡，专门用于萃取意式浓缩咖啡，其他咖啡豆如花魁、瑰夏、花神……就放过这款机器吧。

直径58毫米的压粉器

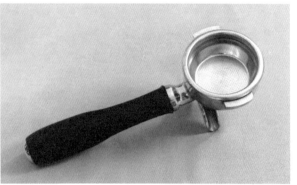

直径58毫米的咖啡粉碗

萃取过程

1　将20克咖啡粉装到粉碗中。

2　用压粉器轻压咖啡粉，避免过分用力。

3　将手把扣上扣座后，按下冲煮按钮。

特别提示：

1. 用平刀式磨豆机把咖啡粉磨到极细状态，和绵白糖差不多。

2. 最后冲煮出的咖啡上浮着一层克立玛，成功的意式浓缩咖啡有一个标准，即克立玛至少应占整杯咖啡的1/10，并且保持3分钟不变。

3. 萃取30毫升的意式浓缩咖啡所需要的时间为25~30秒，如果达不到这个标准，一般有两种原因，一是咖啡粉过粗或过细，咖啡粉过粗，水流穿过咖啡层时遇到的阻力不够，用时会短于25秒；咖啡粉过细则阻力太大，用时会长于30秒，这时就要调整磨豆机的参数。二是压咖啡粉的力道不对，压得太紧，水流就慢；压得太松，水流就快。这些问题自己慢慢调整吧，反正人和机器总有个磨合的过程。

4. 意大利咖啡豆有两种，一种是拼配豆（Blend），由至少两个产区的咖啡豆拼配而成，适用于拿铁、卡布奇诺这样的花式咖啡；另一种是单一产区咖啡豆（Single Origin Espresso，SOE），适合做直接饮用的意式浓缩咖啡。

5. 这款机器也可用于制作美式咖啡。美式咖啡是稀释了的意式浓缩咖啡，因为意式浓缩咖啡刚传到美国时，美国人嫌太苦，喝不惯，加水稀释后就有了现在的美式咖啡，至于加多少水才合适，并无定论。

6. 这款机器分商用和家用两款，操作步骤基本一样，但功率上有差别。依我个人经验，如果大家主要用于做奶咖，家用机问题不大，其制作的咖啡有克立玛，也能拉花。奶咖中咖啡占的比重小，牛奶占的比重大，所以只要选用优质的新鲜牛奶，味道都还过得去。小功率的家用机在打奶泡的时候反而成了优势——速度慢，奶泡更绵密，但萃取意式浓缩咖啡最好还是用商用机，其大功率带来的压力才有能力萃取优质的意式浓缩咖啡。

7
花式咖啡制作秘籍

辅助工具大点兵

量 杯

计量工具，制作花式咖啡的时候会用得到。

电子秤

第三次咖啡浪潮开始后，大家对精准度有了要求，电子秤成为称量重量和计算萃取时间的必备工具。有的小伙伴可能会问，烘焙甜点用的电子秤可不可以用在咖啡萃取上？烘焙用的电子秤只能计重，不能计时，如果非要用它来制作手冲咖啡，也不是不可以，但我们同时需要用其他设备来计时。

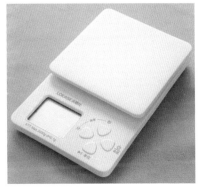

料理机

料理机的用途很广，打果汁、打豆浆都用得到，我们做花式咖啡的时候也会用到。

料理机

在料理机的使用上，请注意以下两点：

第一请保护好刀片。不要用它破碎太硬的东西，比如大的冰块，不过牛奶冻成的冰块特别软，可以作为例外。有的小伙伴喜欢用料理机制作沙冰，这个呢，我个人觉得还是单买一个沙冰机吧，也花不了多少钱。

第二请保护好自己。我曾经用过一个分体式料理机，有一次忘了拔电源，左手正在整理食材，右手不小心摁到开关，我可怜的手瞬间"皮开肉绽"，场面一度十分惊悚。

食品温度计

用于测水温。第三次咖啡浪潮兴起后，食品温度计被广泛应用在咖啡的萃取中。

食品温度计

雪克杯

雪克是英文"shake"的音译，意即摇动、摇晃，当我们制作冰咖啡时，可以把咖啡、冰块及其他食材都放入雪克杯中，摇一摇，就搞定了。

雪克杯的材质分为不锈钢和PC树脂两种。两者相比较，PC树脂更轻、更便宜，其传热较慢，不会冻伤手，缺点是容易留下食物残余的味道。

拉花缸

这是一款在半自动意式咖啡机上打奶泡的工具，原理是咖啡机通过蒸汽嘴在牛奶中注入水蒸气，从而形成奶泡。之所以叫拉花缸，是因为它带有尖嘴，通过尖嘴往咖啡里倾倒的奶泡可粗可细，这是制作花纹的必要条件。

手动打奶壶

手动打奶壶通过上下抽动滤网将空气注入牛奶，从而形成奶泡。

如果我们选购了摩卡壶，但又想做奶咖，那就必须备一个手动打奶壶，如果已经有咖啡机了，则打奶壶可买可不买，除非想做冰奶咖。

对于拉花缸和手动打奶壶使用范围的区别，大家可能还是有点晕，我列表说明。

雪克杯　　　　　拉花缸　　　　　手动打奶壶

拉花缸与手动打奶壶的区别

可使用范围	拉花缸	手动打奶壶
能否独自完成打奶大业	X	√
能否制作热奶泡	√	√
能否制作冰奶泡	X	√
能否拉花	√	X

拉花针

拉花针其实在雕花的时候用得更多，也就是说在咖啡上画画的时候，我们会用到拉花针。

拉花针

挤酱瓶

在咖啡上挤焦糖或巧克力酱时会用到挤酱瓶。市场上还有各种各样的挤酱笔，以我个人的使用经验来看，挤酱瓶是最容易掌控的。

电动打蛋器

在花式咖啡的制作中，打蛋器不是用于打蛋，而是用于打发奶油的。

裱花袋

在咖啡上挤奶油时使用。按材质可分为一次性、无纺布和硅胶裱花袋。有的朋友可能担心后两种会比较难清洗，但其实很好办，把袋子泡在带有洗洁精的热水里即可清洗。

挤酱瓶

电动打蛋器

挤花嘴

挤花嘴有很多种形状，适合制作不同的造型，下图中的那种挤花嘴是最常用的。挤奶油时如果想多搞出一些花样，可以再备几种。

裱花袋

挤花嘴

🫘 奶泡和奶油的打发

1. 奶泡的打发

奶泡的打发分手动打奶泡和机器打奶泡两种。

（1）手动打奶泡

A. 取出铁网，在手动打奶壶中倒入1/3杯牛奶，因为牛奶打发后会膨胀，所以不要倒太多。

B. 打开电磁炉或煤气灶，一边加热，一边用勺轻轻搅动牛奶，使牛奶均匀受热。

C. 上下抽动至少30次。

D. 静置半分钟，等待奶泡和牛奶分离。

特别提示：

1. 牛奶温度超过70℃时很难打出奶泡，所以温度应低于70℃。

2. 如觉得奶泡不够丰厚，可以多重复几次上下抽动的动作。

3. 如果我们需要做一杯冰卡布奇诺或冰拿铁，则不必加热，直接用冷藏的牛奶即可。

（2）机器打奶泡

A. 在拉花缸中倒入1/3杯牛奶。

B. 将蒸汽管插入牛奶2/3深处，偏左或偏右都行，不要在中心位置。

C. 以手触碰杯壁，当感到略微烫手时，关闭蒸汽旋钮。

D. 轻轻敲打缸壁，让表面较大的奶泡破碎。

特别提示：

1. 牛奶的温度越低越好，刚从冰箱里拿出来的牛奶大约5℃，如果家里有冰块，不妨放几个在牛奶里，把牛奶的温度降到0℃。牛奶温度越低，打奶泡所耗的时间就越长，打出细密奶泡的可能性也就越大。

2. 打奶泡之前，先打开打泡机的旋钮，把蒸汽管里的热水放光。

3. 打奶泡之后，仍应打开旋钮，释放蒸汽管里的气，否则沾有牛奶的蒸汽嘴会堵塞。

4. 完成奶泡的打发后，用布把蒸汽嘴擦拭干净。

5. 如果打奶泡的过程中机器发出尖锐的声音，请将蒸汽开大一些，或把奶缸稍微往下移一些，让更多的空气进入牛奶。

6. 和手工打奶泡不同，机器打奶泡不易上手，初学者有失败的可能性，所以要勤加练习，勿因一时打不出奶泡，就彻底放弃这件事。练习时可在牛奶中加水稀释，以降低成本。

2. 奶油的打发

奶油分植物奶油和动物性淡奶油。

植物奶油的三大特点是便宜、冷冻保存、易打发，但口感差且不利于健康（含较多反式脂肪酸），如金钻奶油。动物性淡奶油的特点是贵、冷藏保存、不易打发，但真的很好吃。

动物性淡奶油分澳系和欧系两种，前者以新西兰品牌安佳为代表，优点是奶源好，后者以法国的总统、蓝风车为代表，优点是工艺先进。我在此提示大家，欧登堡品牌的奶油仅能在甜点烘焙中用来增加风味，极其不适合打发，很多情况下，打蛋器刚开动，它就油水分离了。

现在应该没多少咖啡馆使用金钻奶油了吧？我已经很多年没吃到过植物奶油了，这里我重点介绍一下动物性淡奶油。

金钻奶油   安佳淡奶油

动物性淡奶油在打发前需要加细砂糖，糖和奶油的比例是1∶10，也就是说，如果我们要打发100克的淡奶油，应加入10克糖。动物性淡奶油打发的常用状态分两种，一种是打发至六七分，即出现纹路，另一种是打发到八九分，我用右边两张图来说明。

打发至六七成

动物性淡奶油非常容易打发过头（也就是油水分离的状态），本来打发过头是没救的，但大家这不是遇上我了嘛，我还能挽救一下，只不过奶油重生之后就变成了黄油。

1. 不幸打发过度的淡奶油。

2. 把这些淡奶油放入纱布袋中。

3. 挤出水分。

4. 放入冰箱，冷藏一夜之后就是黄油。

我用这样的黄油做过饼干，口感完美。

打发至八九分

闻名遐迩的招牌咖啡

卡布奇诺　　卡布奇诺写作"Cappuccino"，意大利语，源自意大利文"头巾"（Cappuccio）。之所以有这么一个奇怪的名字，是因为这款咖啡看起来很像天主教会的修士在深褐色的外衣上覆上一条头巾。

多年前，一个人如果喜欢卡布奇诺，说明这人很小资，现在谁再跑咖啡馆点卡布奇诺，说明这是个老同志，因为大多数的年轻人只爱拿铁或馥芮白。没有明星可以永远当红，咖啡也一样，当初有几多风光，今天就有几多折堕。卡布奇诺是幸运的，好歹没从水单上下来，说明老同志的基本盘还在。

我来介绍一下卡布奇诺最传统的做法，即1/3意式浓缩咖啡、1/3牛奶、1/3奶泡，合起来就是一杯卡布奇诺。

原料

意式浓缩咖啡60毫升，牛奶60毫升，奶泡60毫升。

做法

1. 倒入意式浓缩咖啡。

2. 加入奶泡。

3. 倒入牛奶。

特别提示：

1. 此时使用的咖啡杯容量应该大于200毫升。

2. 可以在奶泡上加些肉桂粉，再加些细砂糖，用勺子把奶泡、肉桂粉、细砂糖搅在一起，口感非常特别，有人特别喜欢，有人不能接受，我属于前者。

我再简单讲几句咖啡拉花。

前面我们讲过，拉花用的意式浓缩咖啡必须带有克立玛，也就是说，我们至少得拥有一台家用半自动意式咖啡机，其他一切工具萃取的咖啡都无法用于拉花。

牛奶要用全脂奶，最好是低温保存的新鲜牛奶，有人说用冰博客牛奶拉花更漂亮，我试了一下，表示并不赞成。

奶泡越细密越有利于拉花，如果奶泡没有打好，就不要妄想还能拉出花来。

拉花是利用手腕或快或慢的抖动来完成的，这是技术与艺术的完美结合，也是卡布奇诺最大的魅力，但是学会拉花需要付出长时间的努力，大家在学习的过程中千万不要因为一时的挫败而感到气馁，要相信自己经过练习是可以完成的。我不建议大家刻意地练习拉花，只要每天做卡布奇诺时顺手拉

一拉就行，有花固然可喜，无花也不要郁闷，功到自然成。

拉花从"心"开始，心形图案最容易搞定，拉出一颗"心"来，接下来可拉出一串"心"，慢慢地再尝试别的图案，比如小树芽、小天鹅等。

拉花拉得漂亮代表咖啡好看，却不代表卡布奇诺好喝，优秀的咖啡师能做到让咖啡既好看又好喝，这也是每个人努力的方向。

拿　铁　　　在意大利的咖啡馆，我们如果点一杯Latte，侍应生会给我们牛奶。拿铁咖啡的名字是Caffè Latte。

拿铁、卡布奇诺以及馥芮白这三种奶咖的区别在于意式浓缩咖啡、牛奶和奶泡三者的比例不同，馥芮白中意式浓缩咖啡最多，口味最苦；拿铁含的牛奶最多，意式浓缩咖啡：牛奶：奶泡＝1：7：2。

原料

意式浓缩咖啡30毫升，牛奶210毫升，奶泡60毫升。

做法

1. 在杯中倒入牛奶。

2. 用勺子将奶泡置入于牛奶之上。

3. 倒入意式浓缩咖啡，如想制造分层效果，那么要注意控制水流，水流越细，分层越清晰。

桂花拿铁

原料

意式浓缩咖啡50毫升，牛奶200毫升，桂花蜜15克（分为5克和10克两份），干桂花适量，奶泡适量。

做法

1. 将5克桂花蜜平涂在盘中。

2. 倒置杯子并转动杯口，让杯口蘸满桂花蜜。

3. 再一次倒置杯子并转动杯口，蘸满干桂花。

4. 在杯中加入10克桂花蜜。

5. 在杯中倒入200毫升牛奶。

6. 用勺舀一些奶泡，放在牛奶上面，约占杯子的两分满。

7. 倒入意式浓缩咖啡。如想制造分层效果应缓慢倒入。

芝士厚乳拿铁

原料

意式浓缩50毫升，奶油奶酪15克，动物性淡奶油100毫升，细砂糖10克，牛奶150毫升（分为100毫升和50毫升两份），冰博客牛奶100毫升，冰块若干。

做法

1. 把100毫升牛奶和奶油奶酪放在一个碗里，用打蛋器打发均匀。

2. 另起一碗，把动物性淡奶油和细砂糖放在一起，用打蛋器打发至六七分。

3. 把上述两个步骤制成的食材放在一个碗中，用打蛋器打发均匀，奶盖的制作就完成了，先放在一边待用。

4. 另找一个空杯，在杯中加入半杯冰块。

5. 把100毫升冰博客牛奶和50毫升牛奶倒入杯中。

6. 把意式浓缩咖啡倒入杯中。

7. 用勺子将奶盖加在咖啡液上面。

特别提示：

这里有两种食材需要说明。

一是冰博客牛奶。牛奶由水和固态物质组成，水的冰点温度是0℃，固态物质的冰点温度更低，如果我们把牛奶放入冷冻室，水会先结冰，固态物质后结冰，解冻时则反过来，固态物质会先融化，这时候就会出现水乳分离的现象，融化的固态物质就是冰博客牛奶。所以，冰博克牛奶其实是一种浓缩提纯的牛奶。

冰博客牛奶可买现成的，也可以自行制作，步骤如下：

1. 把1000毫升牛奶放入冰箱冷冻。

2. 取出已经冻成冰的牛奶，打开封口，并倒置在杯子上，用保鲜膜将牛奶和杯子包起来后，放入冰箱的冷藏室。

3. 12小时后取出来，一般情况下能萃取400~500毫升冰博克牛奶，牛奶罐里剩下的冰块几乎为水。

冰博客牛奶在萃取后应尽快使用。

二是奶油奶酪。这是一种口感偏酸、添加了动物性淡奶油的奶酪。

奶酪有很多种，除了这次用到的奶油奶酪，我们用得比较多的有做比萨的马苏里拉奶酪、做提拉米苏的马斯卡彭奶酪等。不管哪种奶酪都可分为两种：新鲜奶酪和再制奶酪。

新鲜奶酪的制作流程：牛奶巴氏消毒——添加凝乳酶——切割——排出乳清——块装成

型。新鲜奶酪的主要成分为蛋白质和水。

　　再制奶酪是在新鲜奶酪的基础上加入一些添加剂，如美国规定再制奶酪中新鲜奶酪至少要占51%。

　　两者在口感上的区别是新鲜奶酪奶味浓郁，再制奶酪寡淡少味，那么奶酪为什么需要再制？

　　一来加入的添加剂中包含防腐剂或乳化盐，可延长保质期。新鲜奶酪保存时间非常短，如不及时清理它自身滤出来的乳清，在冰箱冷藏室里最长可放置9天，而再制奶酪放置几个星期都没问题。

　　二来变丰富了，再制奶酪形状可以是膏状，也可以是方便涂抹的酱状；口感可以是奶味，也可以是草莓味、香草味……

　　三来帮新鲜奶酪去个库存，在卖不出去且眼看着要过保质期的新鲜奶酪中加点防腐剂就能摇身一变成新款，又可以重上货架了。

　　有的小伙伴可能会问，怎么才能知道自己买的是新鲜奶酪还是再制奶酪呢？其实包装上都会标明，大家买的时候注意一下就行。

可可炼乳冰 拿铁

原料

意式浓缩咖啡60毫升，牛奶100毫升，炼乳10克，可可粉2克，冰块适量。

做法

1. 把可可粉倒入咖啡中，搅拌至无颗粒。

2. 另找一个空杯，倒入半杯冰块。

3. 倒入炼乳。

4. 倒入牛奶。

5. 倒入咖啡和可可粉的混合物。

红茶鸳鸯拿铁

原料

意式浓缩咖啡60毫升，牛奶200毫升，糖20克，红茶包1个，冰块适量。

做法

1. 把牛奶、糖和红茶包放在锅中，用小火煮开后，浸泡10分钟，制成奶茶。

2. 找一空杯，在杯中加入半杯冰块。

3. 取出茶包，再把奶茶倒入杯中。

4. 倒入意式浓缩咖啡。

康宝蓝

原料

意式浓缩咖啡100毫升，动物性淡奶油50克，细砂糖5克。

做法

1. 将动物性淡奶油和糖放在一起，打发至七分。

2. 萃取100毫升意式浓缩咖啡。

3. 在咖啡上挤一层打发好的奶油。

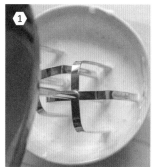  

特别提示：

1.奶油不要打发得太硬，否则不太好挤，六七分略带有一点流动性最适合。

2.挤奶油的时候要紧贴着杯壁用力挤，让奶油有所附着，挤完第一圈后，再沿着第一圈挤第二圈，由外向内，慢慢挤到中心。

3.康宝蓝，意大利名称为Con Panna，Con是"和"的意思，Panna是"鲜奶油"的意思。我们喝这款咖啡的时候半口奶油半口咖啡，可体会两者结合产生的美妙口感。

芝士维也纳咖啡

原料

意式浓缩咖啡90毫升，奶油奶酪50克，淡奶油100克，细砂糖20克，牛奶75毫升（分成40毫升和35毫升），冰块适量。

做法

1. 把奶油奶酪和40毫升牛奶一起放入料理机，搅拌均匀，形成混合物A。

2. 把混合物A和淡奶油、细砂糖放在一起，用打蛋器打至有纹路能立起来的状态，形成混合物B。

3. 取一空杯，加入半杯冰块。在杯中倒入35毫升牛奶。

4. 将混合物B的一半倒入杯中。

5. 倒入90毫升意式浓缩咖啡。

6. 将剩余的混合物B倒入杯中。

摩卡星冰乐

原料

意式浓缩咖啡30毫升，牛奶200毫升，动物性淡奶油60克，细砂糖6克，炼乳15克，可可粉适量。

做法

1. 把200毫升牛奶倒入冰格，冻成冰块。

2. 用打蛋器把淡奶油和细砂糖打发至七分状态，放在一边待用。

3. 把30毫升意式浓缩咖啡、15克炼乳和牛奶冰块一起倒入料理机，打成咖啡冰沙。

4. 把咖啡冰沙倒入杯中。

5. 把已打发的淡奶油挤在咖啡冰沙上面。

6. 撒上可可粉。

香蕉摩卡
冰咖啡

原料

意式浓缩咖啡60毫升，牛奶40毫升，巧克力酱20克，香蕉100克，冰块适量。

做法

1. 把除冰块之外的所有材料放入料理机，打成糊状。

2. 取一空杯，在杯中倒入半杯冰块。

3. 把步骤1制成的咖啡糊倒在冰块上。

鲜橙冰美式

原料

意式浓缩咖啡60毫升，橙汁50毫升，气泡水100毫升，桂花蜜5克，橙子2片，冰块适量。

做法

1. 在杯壁涂抹桂花蜜。

2. 倒入半杯冰块。

3. 倒入50毫升橙汁。

4. 加入2片橙子。

5. 倒入100毫升气泡水。

6. 倒入60毫升意式浓缩咖啡。

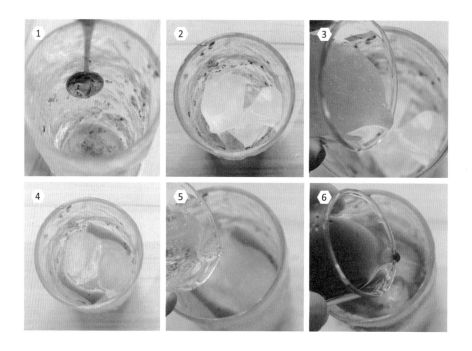

奶油冰咖啡

原料

意式浓缩咖啡100毫升，动物性淡奶油30毫升，糖浆20毫升，冰块适量。

做法

1. 在雪克杯中倒入半杯冰块。

2. 倒入100毫升意式浓缩咖啡。

3. 倒入30毫升动物性淡奶油。

4. 倒入20毫升糖浆。

5. 盖上雪克杯的盖，用力摇动雪克杯。

品味咖啡，点滴滋味在心头

认识风味轮

风味轮是为了描述咖啡的口感和香气，让大家能直观、全面、精准地感受咖啡丰富的风味。

风味轮内环是风味的大类，分别为香料、可可/坚果、糖类、花、水果、酸质/发酵、绿植/草本、其他、烘焙产物。

香料、可可/坚果：这两项基本是中深烘焙咖啡豆的专利，比如巴西豆就拥有明显的坚果味，而曼特宁的巧克力味特别突出。

糖类：下属的焦糖化类分为蜂蜜、焦糖、枫糖、糖浆，浅烘焙的咖啡豆呈现的是蜂蜜的甜味，浅中烘焙的咖啡豆其焦糖和枫糖的甜味浓郁，糖浆则出现在中深烘焙的咖啡豆中，如果我们在浅烘焙的咖啡豆包装上看到的风味描述中出现"糖浆"的字样，相信我，那不是真的。

花：这当然指香气，最为常见的花香是茉莉和玫瑰花香。

水果：描述的是浅烘焙咖啡豆中出现酸质高低，咖啡中可能出现的水果品类风味非常多，相当考验舌头的灵敏度。

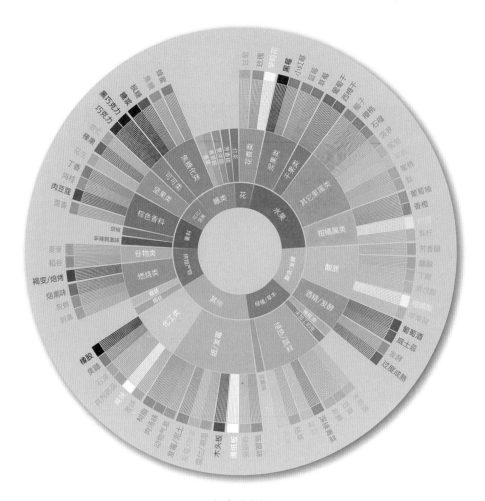

咖啡风味轮

酸质/发酵： 酸质是咖啡风味的重要组成部分，不是酸越多越好，而是要看酸能否快速转化为甜。至于发酵，我们在前面讲过双重发酵、厌氧发酵，不管哪种发酵方法，发酵这个步骤做得精细与否，在口感上会有体现。

绿植/草本、其他、烘焙产物： 这三个大类均属于对瑕疵风味的描述。绿植/草本一般是半生不熟的咖啡豆带来的口感，对肠胃刺激很大，喝了可能导致腹泻，其他、烘焙产物这些风味是豆子本身品质不好或者烘焙过程掌握不当所致。

🫘 咖啡的杯测

咖啡杯测是一种系统评价咖啡样品香气和味道特性的方法。

杯测之前要确保自己的嗅觉和味觉功能都没有失灵，感冒或者鼻炎发作期不适合杯测。另外，避免喷香水或者使用味道太重的护肤品，房间里不要使用空气清新剂及其他一切香熏料，浑身酒气的酗酒人士或体味较重的

咖啡杯测碗和杯测勺

人，都不适宜出现在杯测现场。总之一切带味道的人和物，不管香的臭的，统统不适合咖啡杯测。

杯测的流程如下：

第一步，研磨咖啡（咖啡粉要比手冲的稍微粗一点）之后，闻干香。

第二步，在8.25克咖啡粉中注入150毫升热水，从水和粉接触那一瞬间开始计时4分钟，在这4分钟内闻湿香。

第三步，破渣，也就是用勺子轻轻推开浮在表面的咖啡，再用勺子在咖啡上转两圈。

第四步，捞渣，同时用两个勺子把浮沫捞起来，倒掉。

第五步，当咖啡不烫嘴时，进行啜吸，一定要发出"巨大"的声音。

现在主要的咖啡杯测系统有两种，一种是CDE杯测，咖啡豆流入市场之前，人们需要对其品质进行鉴定，然后根据鉴定的结果来定价；另一种是SCA杯测，并非所有咖啡豆都有资格进行SCA杯测，只有精品咖啡才配得上。这里我们主要介绍一下SCA杯测。

我简单介绍一下这张表。

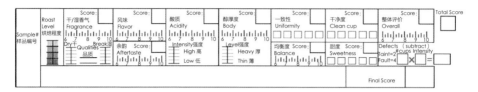

SCA杯测表

干/湿香气： 干香是指咖啡在没有和热水接触时由鼻腔感受到的香味，湿香是指咖啡与热水接触后挥发的香味。有的咖啡干香丰富，但湿香单薄苍白，有的咖啡则相反，好的咖啡干香和湿香都很丰富。

风味： 指咖啡进入口腔时的感觉。

回味值（余韵）： 指啜吸一口后，咖啡的味道在口腔内停留的时间。时间越长，咖啡留给人们的印象越深，人们越容易记住这种味道，回味值的得分也就越高。

酸度： 酸和酸不一样，柑橘酸和苹果酸就能在口腔里活跃很久，而醋酸则较为单调，好的酸指能与甜完美结合的酸。

醇厚度： 这是口腔对咖啡的触感，优秀的咖啡应让人喝了之后感到愉悦。

一致性： 一次杯测一般会把咖啡放在5个杯子里，一致性旨在确认不同杯中的咖啡风味是一致的。

均衡度： 优秀的咖啡应在所有杯测维度中都取得满意的分数，如果一杯咖啡只拥有迷人的香气，酸度很差，余韵不足，那就无法在杯测中得到高分。

干净度： 要求完全没有瑕疵或缺陷，即没有任何让人不愉悦的香气或风味，比如霉味、烂水果味、泥土味、木头味，等等。

甜度： 咖啡的甜经常被咸、苦、酸干扰，甜感丰富、甜度圆润的咖啡能得到高分。

最后是总分，如果一杯咖啡以上指标都完成得不错，那就有资格得到高分，最高分为100分，80分以上可称为精品咖啡。

9
不可不知的咖啡礼仪

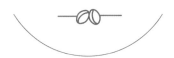

🫘 咖啡杯、咖啡碟和咖啡匙的使用

1. 端咖啡时，把碟子留在桌面上，只需一手端起咖啡即可。当然，如果桌子过低或酒会中根本没有桌子，另一手端起咖啡碟也是被允许的行为。

2. 用拇指和食指捏住杯耳，再将杯子端起，不要用手指穿过杯耳。

3. 咖啡匙的用途是在咖啡中放入糖和奶后，用来搅匀的，我们喝咖啡时应当把它取出来。咖啡匙不能用来舀咖啡喝。

4. 搅动咖啡时勺子不要接触到咖啡杯，发出叮叮当当的声响是非常失礼的。

5. 小匙用毕，请放在碟子上，因为放在杯子里会显得不雅，而且很容易把小匙打翻在地。

咖啡技能问答

Q1 为什么要对咖啡生豆进行烘焙?

A 种下咖啡豆——发芽——开花——结果——处理(水洗法、湿刨法、日晒法或蜜处理法,总有一款适合你)——烘焙——研磨——萃取,这是一条完整的咖啡之路。咖啡果实经过处理这一环节后成为生豆。有的小伙伴可能会问,直接煮生豆不行吗?多煮会儿不就熟了?为什么要通过烘焙让生豆变成熟豆呢?

左边为生豆,右边为熟豆

这是因为烘焙过程中产生的美拉德反应（Maillard reaction）和焦糖化反应（Caramelization）会激发咖啡的香、甜、苦、酸等风味。简单来说，就是咖啡内那些原本沉睡着的宝藏物质（如碳水化合物、蛋白质、脂类、有机酸等）被烘焙唤醒了，咖啡从此拥有特别的颜色、迷人的香气和多层次的口感。

美拉德反应又称梅纳反应、羰胺反应，为非酶褐变反应，法国化学家美拉德于1912年发现并描述了此现象，当食物的温度为

咖啡烘焙机

150~200℃时，美拉德反应启动，糖分子和氨基酸分子进行碰撞，结合为新的风味物质和芳香物质，产生褐色的大分子物质。

美拉德反应并不单单发生在咖啡烘焙中，煎牛排的美味、烘烤面包的香气都和此反应有关。当温度处于170~200℃时，焦糖化反应产生，咖啡豆中的糖类物质开始脱水与降解，糖开始溶化，产生数百种新的化合物。焦糖化反应也是褐变反应的一种，新的褐变反应产生的褐色物质让咖啡豆颜色更深，释放出芳香和酸性化合物。

一直以来有个说法，咖啡好不好喝，60%看生豆，30%看烘焙，10%看萃取，所以烘焙是个非常重要的环节，一旦没做好，会严重影响咖啡品质。

Q2 **不同的烘焙程度会对咖啡的口感有什么影响?**

A 咖啡从生豆变为熟豆,需要经过烘焙的过程,美国精品咖啡协会把烘焙程度分为八档:极度浅烘焙、浅烘焙、浅中烘焙、中烘焙、中深烘焙、深烘焙、重烘焙、极度深烘焙。我们买咖啡豆时经常看到三种烘焙程度:浅度烘焙、中度烘焙和深度烘焙。

浅度烘焙体现了咖啡的水果调性,有清新明快的花果芬芳,口感上酸度明显。

中度烘焙突出了咖啡的坚果调性,透着焦糖、可可、麦芽的气息。

深度烘焙的咖啡口味扎实厚重,酸度较低,苦味明显,带有可可、焦糖、木炭、烟熏等风味。

从左到右分别为深度烘焙、中度烘焙和浅度烘焙咖啡豆

Q3 **咖啡豆如何分等级?**

A 这部分内容请各位小伙伴认真看一看,因为和钱包有关,我们选购咖啡豆的时候,上面会标注等级,看懂等级才不会被"忽悠"了。

每个国家咖啡豆分级的标准不同。

第一种,以咖啡豆的大小分级,代表国家为肯尼亚。

不同产地的咖啡豆大小可能不同,比如曼特宁就比埃塞俄比亚的花魁大一些,这只能说明地球物种的多样性。但同一产地的咖啡豆可比比

大小，大而饱满的咖啡豆意味
着咖啡果实是生长到最佳状态
时才被采摘的。

　　这种分级法可通过筛网实
现，将咖啡豆放在筛网上来回
摇动，比网眼小的豆子就会被
筛除，小豆子用更小的筛网再

左边为曼特宁，右边为埃塞俄比亚花魁

次进行筛选，层层选拔之后，就把咖啡豆分出级别了。网眼大小以1/64英寸（1英寸=
2.54厘米）为计算单位，如果直径是19/64英寸，则编号是19，如果网眼是16/64英
寸，那么编号是16。平豆20～19属于特大，18为大，17为准大，16为普通，15为
中，14为小，13～12为特小。

　　根据咖啡豆的大小最后标以AA、A、B、C和PH等级别，AA为最高级别，这一
级别的咖啡豆有资格入选精品咖啡，大家现在明白购物网站上标注的"肯尼亚AA"
是什么意思了吧？这正是肯尼亚咖啡中最好的豆子。

　　C级以下的咖啡通常用来当饲料或肥料，大家看到这里可能又有疑问：咖啡还
能当饲料？我看过资料，咖啡饲料是专门为发情期或哺乳期的母猪准备的，家里养
猪的小伙伴可以试试。

　　第二种，以瑕疵豆的点数分级，代表国家有巴西、印度尼西亚、埃塞俄比亚等。

　　方法是随机抽取300克样品，放在黑纸上，不同的瑕疵对应不同的点数，比如小
石子1粒算1分，大石子1粒算5分，破碎豆5粒算1分，虫害豆5粒算1分，等等，最后
依照累积的缺点分数定级，印度尼西亚咖啡豆分为六级，G1～G6，所以我们买曼特
宁豆时要看看是否为G1等级。

　　埃塞俄比亚以前完全按照上述标准分级，但近几年他们把物理特征和杯测风味
结合起来，咖啡被分为G1～G9九个等级。

　　水洗处理方式的评分定义如下。物理特征占40%：缺陷数（20%），外观尺寸
（10%），颜色（5%），气味（5%）；杯测品质占60%：干净度（15%），酸质（15%），

口感（15%），风味特征（15%）。

　　日晒处理方式的评分定义如下。物理特征占40%：缺陷数（30%），气味（10%）；杯测品质占60%：干净度（15%），酸质（15%），口感（15%），风味特征（15%）。

　　这标准够细吧？我这种数学不好的文科生已经晕了，然而埃塞俄比亚人却认为这还不足以展示他们对咖啡的态度，还得再细分。

　　他们对G1~G3再次进行杯测，更细致地评定其风味属性。对其中85分以上的G1、G2评定为Q1等级。对其中介于80~85分的G1、G2、G3评定为Q2等级，对80分以下的所有G1、G2、G3评定为Q3等级。所以我们买埃塞俄比亚的咖啡豆时一定要擦亮眼睛，同时标有"Q1""G1"的豆子才代表咖啡豆的最高水准。

　　第三种，以产地的高度分级，代表国家有危地马拉、哥斯达黎加等中美洲国家。

　　前面我们讲过，咖啡质量和海拔成正比，海拔越高，咖啡质量越好。生长在1375~1524米的称为极硬豆（SHB），生长在915~1375米的称为高硬豆（GHB）；生长在610~915米的称为硬豆（HB），生长在300~1000米的称为太平洋级咖啡豆（Pacific）。

　　除了上述三种主流分类法，还有一些小众分法，比如夏威夷科纳咖啡豆分为Type1和Type2两大类，Type1是扁平豆，Type2是圆豆。在两级别之下，再根据大小和瑕疵豆的数量分成若干级别。

　　哥伦比亚咖啡分为Supremo、Excelso、Extra三个级别，Supremo为最高级别，Excelso是Supremo和Extra的混合，Extra的级别稍低。

Q4　**瑕疵豆是怎么回事？**

A　简单说，瑕疵豆即为"歪瓜裂枣"，不饱满、不规则的豆子都属于瑕疵豆。一包咖啡豆的品质越高，瑕疵豆就越少，甚至没有。但我们要是一不小心买到了低端的咖啡豆，那会看到很多卖相奇特的豆子。

　　瑕疵豆有很多种，完美的豆子都是一样的，不完美的豆子各有各的瑕疵。

有些瑕疵豆的不幸基因在种植和采摘过程中已经植入，比如未熟豆，它们还没长成红彤彤的咖啡樱桃就被摘下来了，黑豆则是熟得过头的豆子在采摘前自己掉落地面形成的。又如虫害豆，是虫子钻入咖啡果实内产卵造成的，还有发育不良豆，是种植环境提供的养分不足造成的。

瑕疵豆

有些瑕疵豆由于后期处理太粗糙而产生，比如，贝壳豆的出现是由于干燥过程中处理不当所致，用机器进行脱壳和去除果肉时，伤害到豆子就会产生破裂豆；采用日晒法处理时，如果遭遇降雨天气或者用耙子翻动咖啡豆不及时、不均匀，都易产生过干豆和发霉豆；运输保管的过程中，如果环境过于潮湿也会造成发霉豆；采用水洗法处理时，水槽不干净会产生发酵豆，发酵豆特别讨厌，会让旁边好的咖啡豆也沾染上臭味。

瑕疵豆影响咖啡的口感，大家在研磨前先挑一挑，看见瑕疵豆，就把它们挑出来吧。

Q5 挂耳咖啡是什么？

A 挂耳咖啡不是速溶咖啡，而是手冲咖啡的方便喝法。

这种发明创造来自日本。将咖啡粉装入滤包，滤包两侧的纸板可以挂在杯子上，然后我们用手冲壶浇热水进行闷蒸，最后丢弃滤包即可。

冲泡挂耳咖啡有以下注意点：

第一，水温以85~93℃为宜，不要用100℃的沸水冲泡，否则容易出现苦味和涩味。

第二，最佳粉水比为1∶15~1∶18，和手冲咖啡一样。

第三，用细口手冲壶轻柔缓慢地绕圈注水。

第四，一个滤包只能冲一次。

只要我们的冲泡技术足够好，挂耳咖啡完全可以提供上佳的口感，而且方便携带。如果第二次世界大战时期人类已经发明了挂耳咖啡，我估计就没速溶咖啡什么事了。

挂耳咖啡

Q6　咖啡豆和咖啡粉，我们应该选择哪一种？

A　当然选择咖啡豆，除非家里没有研磨机。

　咖啡豆在磨成粉后，细胞壁被破坏，粉和空气的接触面积变大，二氧化碳很快流失，香味、风味迅速挥发。

　咖啡豆打开包装后，要好好保存，两周之内都在赏味期，咖啡粉则是"光速"流失风味，不是变质，喝了不会拉肚子，只是香气减少了，口感也不那么丰富了。

咖啡如何保存?

A 我先列举几个咖啡的天敌。

首先是水分。如果放在潮湿的环境里，咖啡会吸收水分，使咖啡的内部发生水解，造成风味的流失。其次是氧气。氧化指氧元素和其他元素发生化学反应，苹果氧化后会腐烂，咖啡氧化后就不再有其原来的风味了。再次是光线。光会加速咖啡的氧化，从而降低品质。

为了打败上述天敌，我们保存咖啡豆要做到以下几点:

第一，放在阴凉、避光、干燥的地方，但不要放入味道复杂的冰箱，除非家里的冰箱是存储咖啡豆专用的。如果哪位小伙伴真搞了一台专门存储咖啡豆的冰箱，取出豆子之后请迅速研磨、萃取，并且迅速地把剩余豆子放回冰箱，这是因为咖啡豆的温度很低，在空气会有水气与之结合，影响研磨。

第二，使用不透光材质的容器储存咖啡豆。袋子、密封罐或真空罐都可以，其实咖啡豆自带的袋子就很好，我们每次封袋子，都能顺便把气体挤出来，但密封罐就不行了，真空罐可以把气体抽出来，在形成低氧状态的同时，也形成了低压，咖啡豆的内外出现压力差，芳香物质会散失。

第三，用长勺捞取咖啡豆。咖啡豆内部含有二氧化碳气体，这些气体会渐渐释放出来，围在豆子周边保护它们不被氧化，因为二氧化碳比空气沉，位于容器底部，我们取豆的时候，如果是把豆子倒出来，那么二氧化碳也会流失。

鼓鼓囊囊的包装袋，说明咖啡豆释放了很多二氧化碳

Q8 **为什么咖啡豆包装袋会有单向排气阀？**

A 单向排气阀只会出现于咖啡熟豆的包装袋上，生豆则没有，这是因为咖啡豆经过烘焙后会产生二氧化碳，如果这些二氧化碳不排出去，包装袋

就会越来越膨胀，甚至有爆裂的可能。单向排气阀可以把二氧化碳排出袋外，同时阻隔外面的氧气进入。

这种设计也有利于线下销售，顾客挤挤袋子，一阵阵的芬芳从单向排气阀里出来，顾客们还不立刻下单？

单向排气阀

Q9 **法式滤压壶可以用来打奶泡吗？**

A 法式滤压壶完全可以打奶泡，但我希望大家不要这么做。

法式滤压壶，简称法压壶，看起来和手动打奶壶是近亲，都由杯身和滤网构成，两者区别在于法压壶的杯壁由玻璃制成，而手动打奶壶全身上下都是不锈钢的。上下抽动法压壶的滤网将对玻璃造成重大刺激，我就抽碎过一个，罪过罪过！

法式滤压壶

什么样的水适合萃取咖啡?

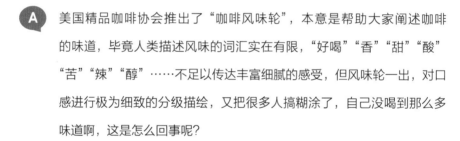

一杯咖啡的主要构成成分是水，水会严重影响咖啡的口感。

很多咖啡师用实践证明了，含有矿物质的水会让咖啡的口感有所提升，那么问题来了，含多少矿物质的水才是咖啡的"天命真水"呢?

美国咖啡协会给出了精确的数据: TDS浓度为50~175 mg/L，碳酸盐浓度在40~175 mg/L，pH为6.5~8.0。

有人用小苏打、碳酸氢钠、硫酸镁和纯净水配比最适合萃取咖啡的水，这种实验精神倒是挺让人感动的，不过我从超市里买瓶矿泉水效果应该也差不多。

Q11 为什么包装上标识的"柑橘""坚果"等风味我都喝不出来?

A 美国精品咖啡协会推出了"咖啡风味轮"，本意是帮助大家阐述咖啡的味道，毕竟人类描述风味的词汇实在有限，"好喝""香""甜""酸""苦""辣""醇"……不足以传达丰富细腻的感受，但风味轮一出，对口感进行极为细致的分级描绘，又把很多人搞糊涂了，自己没喝到那么多味道啊，这是怎么回事呢?

第一，可能没有用对器官。风味分两部分: 闻到的和喝到的，80%的风味感知不是靠舌头，而是靠鼻子，味蕾只能分辨酸甜苦辣咸，但不能告诉你榛子味、丁香味、樱桃味、葡萄干味……所以在品味咖啡的时候，我们需要启动鼻腔，甚至可以尝试一下先捏住鼻子，咖啡入口后再松开，有助于充分感受各种风味。

第二，咖啡呈现的风味是混合的，辨识混合物本身就有难度。单一水果好分辨，但从一杯混合果汁里辨别出梨、白桃、枇杷……的味道，得经过专业训练的舌头才做得到。另外，这些水果风味的强度也不一样，有些水果风味很强势，有些则偏平淡，强势的水果风味会掩盖弱势的水果风味，因而弱势的水果风味我
们就喝不出来了。

第三，可能是记忆出了偏差。很
多时候，人和人对同一种味道的记忆
并不相同，我觉得是草莓味，你可能
喝到了蓝莓味，关于到底是什么风味
的水果大家都没有达成共识，再用水
果来描述咖啡就更不妥当了。

第四，可能是咖啡豆太新鲜了。刚烘焙完的咖啡豆体内存在大量的二氧化碳，
等上三五天，这些二氧化碳都释放出来，咖啡蕴含的风味才能一一呈现。

第五，可能是咖啡的冲泡技术太差，没把滋味充分萃取出来。泡都没泡明白，
喝就更喝不明白了。

Q12 **咖啡渣有哪些用途？**

A 主要是两大用途，一是除异味，二是做肥料，当然也有人用来去角质和
制作手工皂，这属于非主流使用，我这里就讲讲两大主流用法。

先说除异味。咖啡渣可以吸味，我们可以直接倒入烟灰缸，也可
以在晾干后，缝进布袋或者用透气的滤纸包起来，然后放在冰箱、卫生
间、鞋子等一切有异味的地方。

一些装过生肉或臭豆腐的塑料餐盒，残留了令人不悦的味道，我们
用咖啡渣搓一遍，盒子立刻变得香喷喷。

我再仔细讲讲咖啡渣作为肥料的用途，略有一点技术难度。

咖啡渣是一种氮肥原料，像草莓、蓝莓、茉莉、绣球这样的植物，
用咖啡渣作肥料，就会生长得更为旺盛。但是，咖啡渣不可直接撒在土
里，因为如果咖啡渣在土里发酵，其产生的热量会破坏植物的根系，所

以应发酵完再放入泥土，化作春泥更护花。

第一步，攒咖啡渣，直到我们自己认为攒够了。我们把咖啡渣放在一个容器里，然后把渣打散、摊平，容器最好摆放在阳光照射得到的地方，使其尽快干燥，否则容易生细菌。

第二步，把水果酵素（网上可买到）和水混合在一起，比例随意，我认为浓度高发酵得快些，浓度低就发酵得慢些。

第三步，把酵素水和咖啡渣均匀地混合在一起，要保证每粒咖啡渣都沾到酵素水。

第四步，混合完成后，给容器盖上盖子或者包上保鲜膜，防止水分过快挥发。

第五步，把装有咖啡渣的容器放在阳台上，等待发酵（估计要十来天）。

第六步，翻动咖啡渣，当咖啡渣从表面到内部都长出白色菌丝时，发酵完成。

第七步，晾晒一天，待菌丝消失，咖啡渣制作的氮肥就完成了。

我们把氮肥撒在土的表面，然后用铲子把氮肥和泥土稍做混合，给植物浇水，肥力就会慢慢地释放出来。

咖啡渣

 **想喝咖啡，又不想摄入太多咖啡因，该怎么办？**

A 有两种办法。

一是喝意式浓缩咖啡，意式浓缩咖啡看着浓郁，其实咖啡因含量很低，大概是普通单品咖啡的1/4，这是因为它萃取时间只有25~30秒，简直迅雷不及掩耳，只有少量咖啡因被萃取出来。

二是喝无因咖啡，无因咖啡应称为脱因咖啡，即用人工的手法去除咖啡因，一般能去掉97%，一些厂商声称可去除99.86%的咖啡因。

无因咖啡处理的过程较为复杂，对咖啡的风味伤害很大，特别是酸度，几乎消失殆尽，要指望喝无因咖啡喝成咖啡专家，那就缘木求鱼了。

据说人类已经在埃塞俄比亚种类繁多的野生咖啡树中找到了天然的低因咖啡树，咖啡因含量只有一般咖啡的1/15，至于其成品咖啡的风味，我们拭目以待吧。

商用意式咖啡机